読（よ）むだけで人生観（じんせいかん）が変（か）わる

「やべー」宇宙（うちゅう）の話（はなし）

著（ちょ）／気（き）になる宇宙（うちゅう）

監修（かんしゅう）／榎戸輝揚（えのととるあき）（宇宙物理学者（うちゅうぶつりがくしゃ））

KADOKAWA

こんにちは。はじめまして。
「気になる宇宙」(@kininaruutyu)という
ツイッターを運営する、
気になる宇宙という者です。

わたしがツイッターで、
宇宙に関するニュースを発信し続けて約4年。
おかげさまで、19万人ものフォロワーさんと
宇宙の魅力を共有できるようになりました。
日頃の感謝の気持ちを込めて、
この書籍では、私が知っているありったけの
やばい宇宙の話を出し尽くしました。

読み始めると宇宙空間に突入するでしょう。
そして読み終わるまで
2度と帰ってくることができません。

どうか無事に、
やべー宇宙の旅をお楽しみください。

突然ですが……

わたしが好きな「やべー」宇宙の話 ベスト5

第1位

ブラックホールに落ちると
私たちは皆スパゲッティにされる

（→016ページ）

第2位

月面にばらまかれた数千のクマムシ、
生存している可能性

（→146ページ）

第 3 位

小惑星を爆破しても
数時間で復活してしまう

（→034ページ）

第 4 位

月の地下に2180兆トンもの
超巨大金属塊が発見される

（→120ページ）

第 5 位

光を99％吸収する
真っ暗闇の星がある

（→052ページ）

誰もが幼い頃、

一度は宇宙に憧れたことがあると思います。

わたしが宇宙に取り憑かれたのは、

小学生の頃でした。

テレビで宇宙に関する話題が流れると、

光速でテレビの前へ駆けつけるのは当たり前。

新聞に宇宙のニュースがあれば、

切り取って自作の「宇宙ノート」に

貼り付けていました。

その後、ツイッターというものを知り、

いつの頃からか『気になる宇宙』という名で、

ほぼ毎日、宇宙などの

サイエンス情報を発信していたのです。

わたしが宇宙について

興味を失うなんてことは、

間違いなく一生ないでしょう。

なぜなら……

人類は宇宙の たった5％しか 知らない。

CHAPTER 2

地球の常識ではついていけない

宇宙の天体

CHAPTER

4

無限の宇宙にいるかもしれない

「生命」の話

《 CONTENTS 》

デザイン	吉田憲司 + 宍倉花也野 (TSUMASAKI)
イラスト	寺門朋代 (TSUMASAKI)
DTP	山本秀一、山本深雪 (G-Clef)
校正	株式会社ダブルウィング
編集	今野晃子 (KADOKAWA)

CHAPTER

1

こわすぎて白目になりそうな 宇宙現象

時速約10億キロメートルで回転する

ブラックホールなど、とんでもなさすぎる

宇宙現象からスタート

ブラックホールに落ちると、
人も星もスパゲッティに!?

気になるメモ

この現象はスパゲッティ化現象やヌードル効果といった名前が付けられている。

暗 黒の存在ブラックホールはとてつもない重力をもち、その引力は宇宙最速である光の速さでさえも逃れることができないほど。米 オクラホマ大学が行った研究によると、あるブラックホールは時速10億キロメートルという**ほぼ光速と同じ速度で回転（自転）している**こともわかっています。彼に捕まると、誰であっても絶対に逃れることはできない。もちろん人間もブラックホールに落ちるようなことがあった場合、死という結末が待ってい

ることは周知の事実です。しかし、結末は知っていても、その過程を知っている人は多くありません。そうです、ブラックホールの中でどのようにして命を奪われるのかを。

一般相対性理論の予測によると、**ブラックホールに近づくにつれて重力が急激に強くなっていく**と考えられています。ブラックホールのサイズが太陽の何百万倍も大きい場合を除き、ブラックホールの中では、人の頭と足先というわずかな距離であってもかかる重力が大きく異なります。その結果、私たちが頭や足からブラックホールに落ちると、肉体はまるでスパゲッティのように縦に引き伸ばされ、最期には引きちぎられてしまうのです。想像しただけでも恐ろしいですね。まあスパゲッティになる前に息絶えているため、**スパゲッティの状態で苦しむことはない**と思います。さらに、ブラックホールの凄まじい重力は、地球であっても、太陽であってもスパゲッティにすることが可能です。もう既に、その被害にあった星は数多く存在しています。**幸運なことに、地球の近くにブラックホールは存在していないため、私たちがスパゲッティになることを心配する必要はないのでご安心を。**

スパゲッティになった後、人や星たちはブラックホールの深淵に吸い込まれるのですが、いくつか仮説は挙げられているものの、その後どうなるかはまだはっきりしていません。誰か、確かめに行ってくれませんかね。

宇宙の余命は少なくとも
1400億年、永遠じゃないの⁉

宙がいつ終わってしまうのか、東京大学や国立天文台の研究チームが「宇宙の余命」を明らかにしました。

現在、宇宙はとてつもない速度で膨張を続けており、今後収縮に転じるのかどうかについて研究されています。鍵を握るのは、宇宙に満ちている謎のエネルギー「ダークエネルギー」と「ダークマター」。ダークエネルギーの力が強ければ宇宙は膨張し続け、全ての物質がバラバラになる。一方、ダークマターが強ければ、ある時点で宇宙は収縮に転じて収束すると考えられています。

研究チームは、アメリカのハワイ島にある"すばる望遠鏡"を使って、2014年〜2016年に観測した約1000万個の銀河を分析。銀河が持つ強い重力によって時空が歪められる「重力レンズ効果」がどのように影響しているのかを調べて、強い重力の源であるダークマターの分布状況を明らかにしました。ちなみに、ダークマターとは重さはあるものの、光学的に直接観測できないとされる仮説上の物質です。「そこにあるのに見ることができない！」、簡単に言うとそんな感じです。

宇宙には銀河が2兆個以上あると言われているので、分析した銀河約1000万個は0.001％にも満たない。

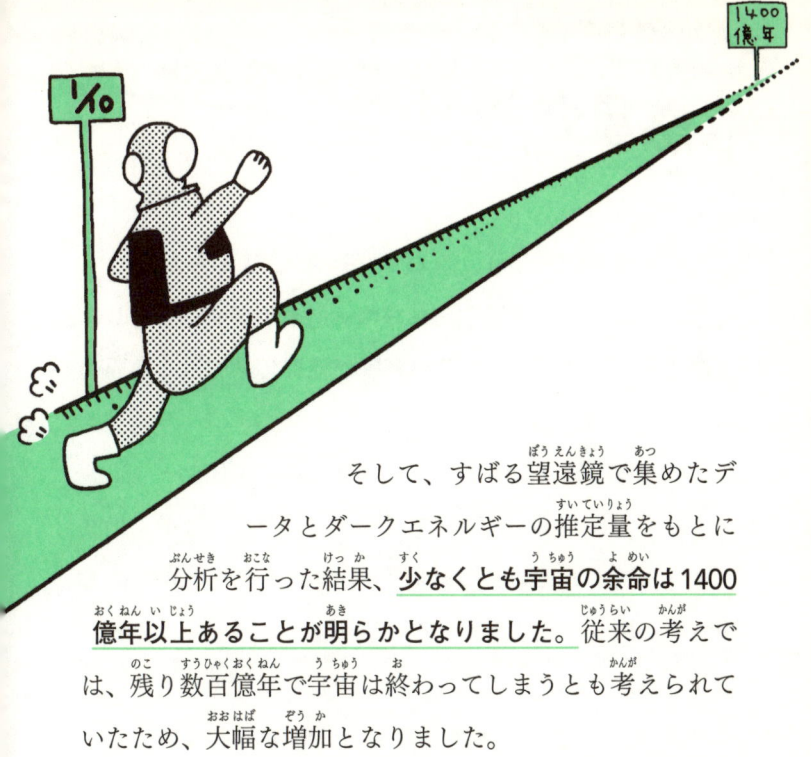

　そして、すばる望遠鏡で集めたデータとダークエネルギーの推定量をもとに分析を行った結果、**少なくとも宇宙の余命は1400億年以上あることが明らかとなりました。**従来の考えでは、残り数百億年で宇宙は終わってしまうとも考えられていたため、大幅な増加となりました。

　ビックバンによってこの宇宙が始まったのは、現在から138億年前のこと、まだ10分の1も経っていません。人間で例えるなら10歳ごろ、まだまだ子どもの段階です。**地球に生命が誕生したのは、約46億年前。数十億年の時があれば、我々のような知的生命体が発生できるということ**です。これから続く長い宇宙で人類以外の知的生命体は生まれるのでしょうか、もう生まれていますかね？　そして、人類がいつまで繁栄し続けることができるのか、興味深くて夜も眠れません。

人も動物もみんな吹っ飛ぶ

小惑星が地球に迫っていた!

2019年7月25日、人類がいつ滅亡してもおかしくないことを思い知らされる出来事が発生しました。<u>大都市を吹き飛ばすほどの小惑星が地球のすぐ近くを通過</u>したのです。

この小惑星は「2019 OK」と名付けられ、直径57〜130メートルの大きさ。6600万年前に地球に衝突し、恐竜を絶滅させたと言われている隕石は直径9.7キロメートルなので小さいと思うかもしれません。しかし、この大きさでもかなりの威力。1908年ごろ、「2019 OK」よりも少し小さい隕石が地球に接近し、シベリア上空で爆破しました。その結果、ニューヨークの2倍近い広さの木々がなぎ倒されました。「ツングースカ大爆発」と呼ばれています。

さらに、もっと恐ろしい事実があるのです。小惑星「2019 OK」が人類の目に入ったのは、地球最接近の数日前でブラジルのソナー天文台が発見しました。さらに、<u>正確な軌道</u><u>が明らかとなったのは、地球をかすめるわずか数時間前</u>だったのです。今回は、最接近距離が地球から6万5000キロメートルと近かったものの、地球衝突の危機はありませんでした。しかし、もし地球にぶつかる予定の小惑星が、

衝突数時間前に発見された場合、人類が助かる術はないでしょう。

　NASA（アメリカ航空宇宙局）は、直径10キロメートル級の小惑星の90%を把握しているそうですが、**今回のような最大130メートルの小さいサイズの小惑星は30%も把握できていない**そうです。いつ地球上の都市が吹き飛んでもおかしくない状況下に、私たちは置かれているのです。

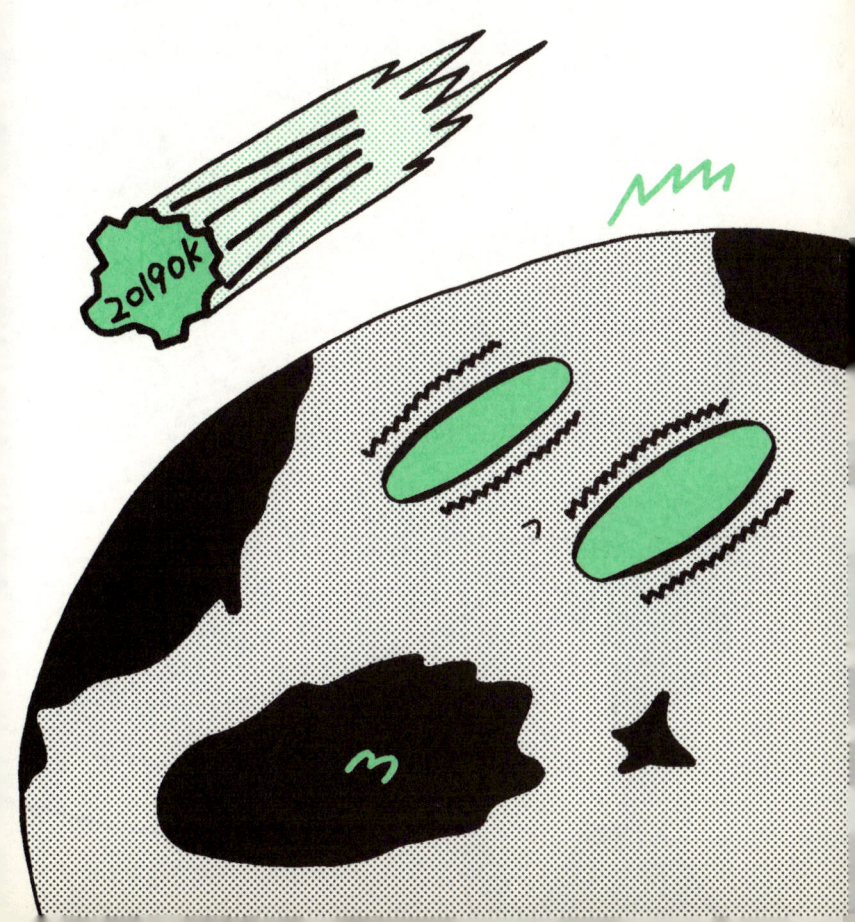

時速約10億キロメートルで回転する
超高速ブラックホール発見!

光の速さは、秒速30万キロメートル。時速にすると時速10・8億キロメートル。

ブラックホールは名前（なまえ）に「hole（穴（あな））」とついているので、何（なに）もかもを吸い込む穴であると勘違（かんちが）いしていませんか？　実（じつ）は**ブラックホールは穴ではなく、極（きわ）めて強い重力（じゅうりょく）を持（も）つ天体（てんたい）です**。そのため、地球（ちきゅう）や月（つき）と同（おな）じように回転（かいてん）（自転（じてん））していると考（かんが）えられています。

2019年7月（ねん　がつ）、アメリカ・オクラホマ大学（だいがく）の研究（けんきゅう）チームがNASAのX線天文台（せんてんもんだい）「チャンドラ」を使（つか）ってブラックホールの自転速度（じてんそくど）の測定（そくてい）に成功（せいこう）したことを発表（はっぴょう）。ブラックホールの自転速度（じてんそくど）は以前（いぜん）から測定（そくてい）されていましたが、この時（とき）に測定（そくてい）された速度（そくど）は桁（けた）違（ちが）いでした。

地球（ちきゅう）から100〜110億光年先（おくこうねんさき）にある5つのブラックホールの自転速度（じてんそくど）を調（しら）べた結果（けっか）、5つのブラックホールの内（うち）の1つが時速約（じ　そくやく）10億キロメートル（おく）という、光速（こうそく）に近（ちか）いか、ほぼ同（おな）じ速度（そくど）で自転（じてん）していたのです。他（ほか）の4つは、光速（こうそく）の約半分（やくはんぶん）ほどの速度（そくど）。光速（こうそく）は全（ぜん）宇宙（うちゅう）における最大速度（さいだいそくど）なので、光速（こうそく）より速（はや）く動（うご）くものはこの宇宙（うちゅう）には存在（そんざい）しません。**あらゆるものを飲（の）みこむとてつもないパワーに加（くわ）え、宇宙（うちゅう）トップレベルの速（はや）さで回転（かいてん）している**とは、降参（こうさん）するしかありません。

気（き）になるメモ

降着円盤（こうちゃくえんばん）とは、重力（じゅうりょく）を及（およ）ぼす天体（てんたい）の周（まわ）りに形成（けいせい）された回転（かいてん）ガス円盤（えんばん）のこと。

数十万年に一度のペースで起きている
やばすぎ「地磁気逆転」

学校の授業などで「地球は巨大な磁石である」と耳にしたことはないでしょうか。そう、皆さんご存知の通り磁石のN極は「北」を、S極が「南」の方角を指し示します。しかしN極が「南」でS極が「北」の方角を示す時代が過去に何度もあった、信じられますか? この**磁極の入れ替わりのイベントが「地磁気逆転」です。**

このビッグイベントが起きた場合、人類を含むほとんどの生物に壊滅的な損害が引き起こされます。地磁気は、地球の周りに磁場を作り、太陽からのプラズマなどを防いでいます。逆転が起こっている間、その地磁気は現在の10%ほどの力にまで弱まると考えられ、地球を守るバリアの役割が切れてしまうのです。すると、**世界中のあらゆるナビゲーションシステムは破壊され、停電が起き、スマートフォンやテレビも使えなくなる**ことでしょう。さらに、**地球上のあらゆる生物が放射線にさらされる**こととなります。

「地磁気逆転」の恐ろしさが少しは理解できたと思います。私もこんな出来事は絶対に起きて欲しくないと思っています。しかし、過去360万年の間に少なくとも11回も発生していることがわかっています。**平均すると、数十万年の周**

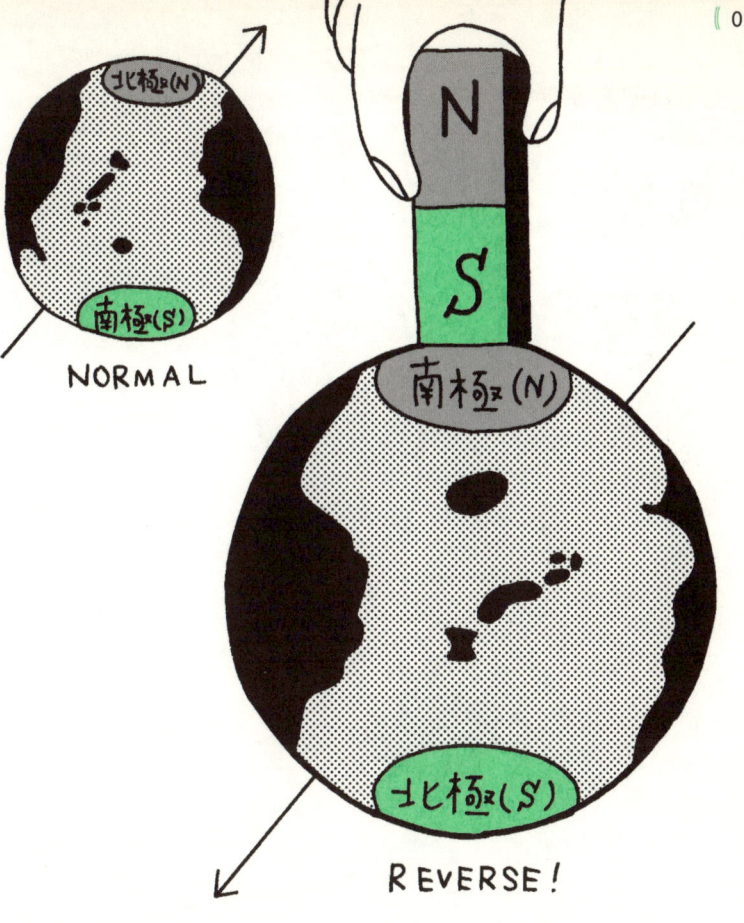

NORMAL

REVERSE！

期で逆転が起こっているのですが、最後に「地磁気逆転」が発生したのは、今から約80万年前です。また2013年頃からESA（欧州宇宙機関）が約6か月間にわたり、地磁気の観測を行ったところ、10年間で5％というペースで弱まっていることがわかりました。

　人類は、もうまもなくその瞬間に立ち会うことになるのかもしれません。

宇宙終焉シナリオ「ビッグクランチ」

風船の空気が抜けるように

終わる!?

本書でも述べているように、宇宙の余命は少なくとも1400億年以上あると推測されていますが、遅かれ早かれ遠い未来に宇宙の終わりはやってくるでしょう。現代の物理学をもってして、**予想されているいくつかある宇宙終焉のシナリオの中から、「ビッグクランチ」を紹介**します。

ビッグバンによって宇宙が誕生して以降、この**宇宙はと**

てつもないスピードで加速を重ねながら、まるで風船が膨らむかのごとく膨張を続けています。宇宙は、このまま膨張し続けるのか、あるいはどこかのタイミングで収縮に転じるのか。膨張を続ける宇宙全体の質量が、限界へと達した時に自らの重力によって収縮へと転じ、存在する全ての天体や時空が特異点へと収束する。これが仮説としてのビッグクランチですが、もう少しわかりやすく説明するために、ペットボトルロケットを例にします。点火されたペットボトルロケットは、発射台を飛び出して大空へと向かいますが、いつまでも上昇することはなく、重力によって引き戻されてしまいます。この引き戻されるタイミングが、宇宙が収縮に転じる瞬間。その後は風船が縮まるかのように宇宙はどんどん縮んでいくのです。

　私は、どうせ縮んで無くなってしまうなら、最初から膨らまなかったらよかったのにと思ってしまいます。宇宙は「無から始まり無に終わる」。始まりと終わりだけを見れば同じ結果です。その過程で我々のような喜びや悲しみを味わう生命体が誕生したわけですが、どんな現象が起ころうと、全て何もなかったかのような形になってしまうのが「ビッグクランチ」という終わり方なのです。

　予想されている宇宙終焉のシナリオは他にもありますが、こういった宇宙の終わりについて考えると生命体が存在する無意味さについて考えてしまいます。

気になるメモ

ビッグクランチで宇宙がしぼんだ後、再びビッグバンが発生し宇宙が生まれるという仮説もある。

宇宙終焉シナリオ「ビッグリップ」

広がり続けた宇宙がバラバラに!?

前ページでは、宇宙終焉シナリオの「ビッグクランチ」についてお話しましたが、次は第二のシナリオ「ビッグリップ」についてお話します。**ビッグリップは、ビッグクランチとは反対に宇宙が膨張を続けるという仮説。**この宇宙の膨張を手助けしているのが、ダークエネルギーと言われています。ダークエネルギーの密度が今後も変化しない限り、宇宙は永遠に膨張を続けます。

　今のまま宇宙が永遠に膨張し続けたとすると、どのような未来が待っているのでしょうか。まず、銀河団や銀河群内の銀河は合体することなく、個々の銀河へとバラバラになってしまいます。さらに銀河さえも個々の星へとバラバラとなり、銀河中心の超大質量ブラックホールだけが残され、ついには太陽系までもが解体。太陽や地球、月といった星たちが引きちぎられ破片となり、さらにその破片さえも引きちぎられ、最後は原子に。いや、原子までも散り散

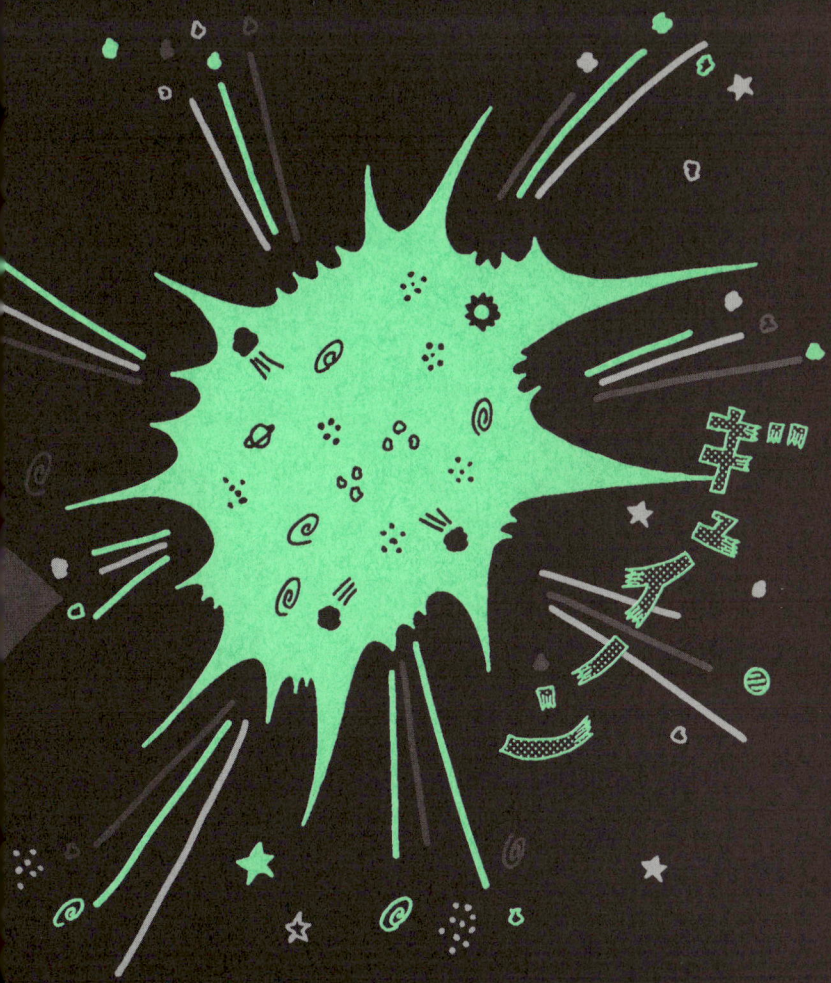

りとなって素粒子となり、その後も宇宙は膨張をし続けるでしょう。これが、ビッグリップというものです。ビッグリップが起きる可能性は低いですが、**皆さんはビッグクランチとビッグリップ、どちらのシナリオを選びますか？**
人類にとっては、関係のない話なのでしょうかね……。

巨大化した太陽によって

地球は蒸発する

運命!?

先ほどお伝えした宇宙終焉のシナリオは何百、何千億年先の話であり、実際のところ人類には関係のないことと言ってもいいでしょう。しかし、地球の終わりに関しては地球に住む我々にも少しは関係のある話です。

地球終焉の鍵を握るのは、すべての地球生命の源である太陽。**太陽に似た他の恒星の観測結果から、太陽の余命は約50億年であることがわかっています。**この宇宙に太陽

が誕生してからおよそ50億年が経ったので、今は丁度寿命の半分が過ぎた頃となります。それでは、太陽の寿命が尽きた時、地球はどうなってしまうのでしょうか。

　50億年後、太陽は燃料の水素をほとんど使い果たし、中心部は燃えかすの大量のヘリウムが残されます。エネルギーを放出しない中心部は収縮して、それにより温度が上昇します。その後、その周囲に燃えずに残っていた水素が激しく燃えることで大量の熱が放たれて、太陽表面がどんどん膨張していきます。

　膨らんだ太陽の表面は温度が下がるため、巨大化した太陽は赤く見えることになります。このような星は「赤色巨星」と呼ばれています。太陽がどのくらい巨大化するのかというと、10億年ほどかけて現在のおよそ150倍の大きさになります。太陽に近い軌道を周回している水星や金星は、巨大化した太陽に飲み込まれてしまうことになるでしょう。

　一方地球はというと、太陽に飲み込まれることはギリギリ避けられそうですが、太陽の表面がすぐ近くまで迫り、灼熱地獄の世界となってしまいます。そして、最悪の場合には、地球は蒸発してしまうこととなります。

　また、地球の外側を回る火星が温められて、生命が住める環境になる可能性もあります。人類が移住せずとも、火星人が繁栄する未来が待っているかもしれません。まあ、遠い未来のため、私には想像もつきませんが……。

気になるメモ

地球の生命は、地球ができてから約8億年後に誕生したと推測されている。

このまま地球の温暖化が進んだら……

金星並みの「気温460度」に！

気になるメモ

NASAは2023年に金星へ灼熱の大地でも稼働する探査機の打ち上げ計画を立てている。

温室効果ガスの排出や森林伐採によって、着々と温暖化が進行している地球。人工衛星の観測データによると、アマゾンでは1分ごとにサッカーコートの1.5倍の面積の森林が失われているといいます。間違いなく我々も危機感を抱かなければならないほどの状況なのですが、事態は一向に変わる気配がありません。それでは、もしこのまま温暖化が進行すると地球はどうなってしまうのか、気にならないでしょうか。

このまま温暖化が進むと、地球は金星のような場所になってしまうと考えられています。金星は、太陽系第2惑星で地表気温が約460度とめちゃくちゃ暑い惑星です。過去にアメリカやソ連が探査機を投入しましたが、全て熱で壊れてしまっています。

金星がなぜそんなに暑いのか、それは金星の大気状況にあります。金星の大気の97％は二酸化炭素からなります。大気圧は約90気圧。また、金星の厚い雲は太陽光の80％を宇宙空間へと放出してしまうので、本来であれば金星の地表温度はマイナス46度であると推測されています。しかし、大気中の膨大な二酸化炭素の温室効果の影

響によって、ありえないほど気温が上がっているのです。太陽に一番近い水星でさえも、昼間で約400度と金星よりも低いため、いかに温室効果ガスの影響力が大きいかがわかると思います。

　すなわち、冗談でもなんでもなく現在のまま地球温暖化が進行すると、地球もそのような灼熱の星と化してしまう可能性は十分あるのです。初期の頃の金星の大気には多くの水蒸気が含まれており、地表に海ができるほどの涼しさであったともいわれています。もしかすると、太古の金星には今の地球のように生命が繁栄していたのかもしれません。そして、年月が経つ中で人間のような知的生命体が環境を荒らし、今の姿に変えてしまった可能性もありえます。

　歴史は繰り返します。次に灼熱の地となるのは、やはり地球なのでしょうか。

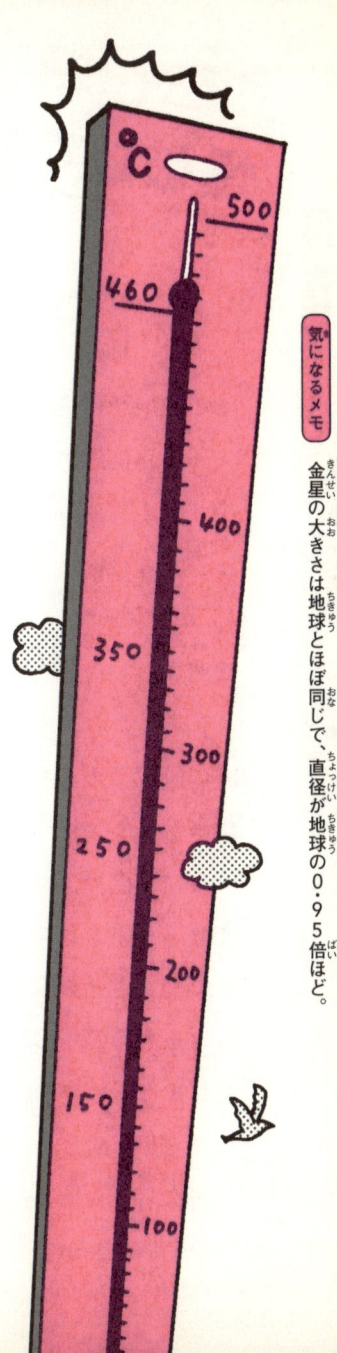

気になるメモ

金星の大きさは地球とほぼ同じで、直径が地球の0・95倍ほど。

地球にぶつかる小惑星

爆破しても数時間で再生する

2019年7月25日に、都市を吹き飛ばすほどの小惑星が、地球のすぐ近くを通過していたわけですが、この先地球に危険な大きさの小惑星が衝突する未来がやってくる可能性がないとはいえません。「小惑星が地球に衝突する！」、そんな時に真っ先に頭に浮かぶ対処法として、小惑星の破壊が考えられると思います。あの感動的な映画『アルマゲドン』のように、小惑星を爆破して地球の全人類を救う。しかし、現実はそう甘くないようです。

アメリカのジョンズ・ポプキンス大学とメリーランド大学の研究チームが、最新のコンピュータを使って、小惑星爆破シミュレーションを行いました。シミュレーションの内容は、直径25キロメートルの巨大な小惑星に、直径1.6キロメートルに満たない小型の小惑星を秒速4.8キロの速さで衝突させるというもの。研究の結果、小惑星は一度散らばるものの、3時間後にはその重力によって再び集結してしまったのです。一度倒したはずの怪物が、生き返るかのごとく復活してしまいました。

研究者たちはこれまで、大型の小惑星の方が割れ目は入りやすいことから、大きければ大きいほど容易に粉砕でき

るものと考えていたようです。ですが、前述の実験の結果、**小惑星は研究者たちの想像以上に頑丈なもので、完全に粉砕するにはより多くのエネルギーが必要となることがわかりました。**では、人類は小惑星の衝突をどう避ければいいのでしょうか。

一つの策として、破壊せずとも軌道を変えることならできるかもしれません。シミュレーションを行った研究者たちは、小惑星の破壊を地球から十分に遠い場所で実行すると、進路を変えられるとの見方を示しています。とはいうものの、7月の「2019 OK」のように小惑星の進路が接近の数時間前に判明した場合、今の人類にはどうすることもできませんけどね。

宇宙最大にして最強の爆発現象
ガンマ線バーストがやばすぎ

現在、我々が観測することのできる宇宙の大きさは138億光年。実際、宇宙はさらに大きく、現在進行形で風船のように広がり続けています。そんな広大な宇宙では、人類史上最大の核兵器「ツァーリ・ボンバ」(衝撃波が地球を3周する兵器)であっても全く歯の立たないほどの爆発現象が絶え間なく発生しているのです。そんな宇宙で起きるさまざまな爆発現象の中、最大にして最強とされているのが、今から紹介する「ガンマ線バースト」です。

初めに、ガンマ線バーストがどういうものなのか説明すると、高エネルギーの電磁波である"ガンマ線"が数秒から数百秒にわたって閃光のように放出される現象で、ブラックホールの誕生に伴う爆発現象と考えられています。冷戦時代に、アメリカがソ連の核実験による放射線を感知しようと人工衛星で放射線の偵察を行った結果、宇宙から飛来する謎の放射線を感知し、ガンマ線バーストの存在が明らかになりました。

ガンマ線バーストのもつエネルギーは驚くべきもので、太陽一生分よりも大きいエネルギー量をたった数秒で放出するのです。フェルミ宇宙望遠鏡によると、1日1回のペー

スでこのガンマ線バーストからのガンマ線が観測されているそうです。しかし、地球からはるか彼方、非常に遠くで発生したもののため、そのほとんどは我々には無害なのです。

　もし仮に、**ガンマ線バーストが地球から数光年先で発生した場合、少なくとも地球の半分は黒焦げになり、人類を含むほぼ全ての生物は死滅してしまいます。**数千光年先で発生した場合でも、地球を数々の電磁波から守ってくれているオゾン層が破壊されてしまい、太陽からの大量の有害な紫外線が降り注ぐことになるでしょう。怖すぎて倒れそうになりますが、ガンマ線バーストが地球から近いところで起こる可能性は否定できないにせよ、限りなく低いものなので心配することはないと私は思います。

　とはいえ、光速のガンマ線の接近を事前に知るすべはないため、人類がそれに気付いた時には、その瞬間死んでしまっているんですけどね。

太陽で「スーパーフレア」が発生したら
世界大停電で生活崩壊（涙）

「フ」レア」とは、恒星で発生する爆発現象のことです。太陽でも小規模なものが、一日に数回の頻度で起きています。**そんな中、太陽で起きる大規模なフレアの100倍〜1000倍以上にもなる強さのものを「スーパーフレア」といいます。**スーパーフレアは、若い星ほど起こしやすいため、誕生から46億年経った太陽では起こらない現象だと考えられていました。

しかし、京都大学附属天文台台長の柴田一成さんらが、NASAのケプラー宇宙望遠鏡のデータを分析したところ、太陽に似た148個の恒星で365回のスーパーフレアが発生していたことを突き止めたのです。若い星が毎週のようにスーパーフレアを起こすのに対し、太陽では数千年に一度ほどの頻度で起こると推測されています。江戸時代などで

あれば、スーパーフレアが発生しても、綺麗なオーロラが観測できるくらいで大きなダメージはないことでしょう。

しかし、電子機器に囲まれた現代の生活では話が違います。

まず、強力な電磁波と高エネルギー粒子が地球に襲いかかります。全ての人工衛星は故障し、低軌道の衛星は大気膨張の影響を受けて地球に落下することでしょう。海に落下するならそれほど影響はないかもしれませんが、街に落ちてきたら大変な事態です。宇宙にいる宇宙飛行士たちも放射線被害に合う可能性があります。そして、十数時間後には大きな磁気嵐が発生します。世界規模での大停電が発生し、あらゆる電化製品、インターネットは使用不可能になるでしょう。同時に日本を含む世界中で美しいオーロラが現れるでしょうが、見とれている場合ではありません。携帯などのバッテリーが過電流を引き起こし、火を吹く可能性も考えられます。

　記録に残る中で最大のものである1859年に発生したフレアは、ヨーロッパや北アメリカの電報システムを停止させました。低緯度地域であるハワイでもオーロラが観測され、ロッキー山脈ではオーロラの明るさを朝日の光と勘違いして、朝食の支度を始めた人が現れるほどであったそうです。まだ、それほど多くのことに電気を使っていない時代であったため、影響は少なかったそうですが、現代に発生した場合には文明崩壊級の大事態となるでしょうね。

気になるメモ　オーロラは、基本的にノルウェーやアラスカなどの高緯度地域で観測されるもの。

恒星が一生を終えて大爆発する
超新星爆発もこわっ!

自ら光り輝くことのできる天体である恒星は、主に水素などでの核融合をエネルギー源としています。その恒星の中でも大質量のものが、自らの燃料を使い果たして、その一生を終える際に大規模な爆発現象を引き起こします。そのことをスーパーノヴァエクスプロージョン、日本語名で超新星爆発と呼んでいます。

記録に残されている中で、人類が体験した比較的近い距離での超新星爆発は西暦1054年。地球から7000光年先にある星が、超新星爆発を起こしました(とはいえ、7000光年先なので発生したのは7000年前)。その爆発現象は昼間でもはっきりと観測できる明るさで輝き、それが約2年間見え続けたそうです。この時起きた超新星爆発の残骸が、有名な「かに星雲」です。

さらに、最新の研究によって200万年前にも地球の近くで超新星爆発が発生していたことが明らかとなっています。その頃はまだ、初期人類のアウストラロピテクスが夜空を眺めていた時代。地球から300光年先の場所で超新星爆発が起きました。この時の超新星は満月よりも明るく輝き、青みがかった不気味な色は日中でも見えるほどのものでし

た。それが、数ヶ月〜数年続いたとのこと。超新星爆発による衝撃波の被害は半径50光年ほどとされており、生物に害を及ぼすようなことはなかったようです。

　では、もし50光年以内で超新星爆発が起きた場合にはどうなるのか。一つの銀河で数百年に一度、超新星爆発からガンマ線バーストが発生します。ガンマ線バーストの軸線上に地球があった場合、射程外の300光年であってもかなりの被害を受けていた可能性も考えられます。

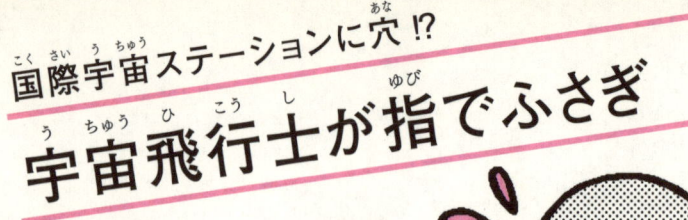

国際宇宙ステーションに穴!?
宇宙飛行士が指でふさぎ
命拾い

宇 宙船は、絶対に密閉されていなくてはならない場所。少しでも隙間が空いていると、内部の空気が漏れ出して人命の危機が迫ることとなります。2018年8月、国際宇宙ステーション(ISS)に穴が発見されるという緊急事態が発生したのです。

8月28日の朝、宇宙飛行士たちは地上の管制センターから「徐々に空気が漏れている」との知らせを受けて起床。管制センターは、夜の時点で船内の空気圧に気づいていましたが、緊急性はないとの判断を下し、朝まで待機したそう。そして、知らせを受けた宇宙飛行士らが船内を捜索した結果、ISSとドッキングしていたロシアの宇宙船で穴が発見されました。第一発見者のアレクサンダー・ゲルスト宇宙飛行士は、一時的に空気漏れを食い止めるために親指を押し当てて対処したといいます。想像すると、なんともシ

04

気になるメモ

宇宙では小さな小石であっても高速で移動しているため、衝突するとかなり危険。

ュールな光景ですね。穴の大きさは、2ミリで粘着テープなどを使って応急措置が行われました。

　なぜ、穴が空いてしまったのでしょうか。発見当初は、宇宙を高速で移動する石のかけらが衝突してできたと考えられていました。しかし、調査を進めると穴の形状がドリルが滑ったようなものであることが明らかとなったのです。その後、ロシアの国営宇宙企業であるロスコスモスのトップが意図的な妨害行為の可能性があるとの見方を示しました。その後、詳細は発表されておらず、地上での製造段階で開けられたものなのか、宇宙空間で開けられたものなのか未だ不明のままとなっています。

地球の双子星、金星には人を溶かす硫酸の雨が降っている

地球のすぐ内側を回っている金星は、太陽系の創生期に、地球と似た姿で誕生した惑星と考えられています。金星の直径は地球の0.95倍、重さは地球の0.82倍。さらには、その内部構造も地球とほぼ同じであると推測されているため、金星は地球の「双子星」「姉妹星」などといわれています。とはいえ、似ているのは構造だけで環境は全く似ていません。

金星は厚い大気に覆われているものの、そのほとんどが二酸化炭素からなっています。その結果、32ページでもお伝えしたように、とても**強い温室効果がはたらいて、金星の表面温度は一日中摂氏460度**。また、**金星大気中には硫酸の粒でできた雲が数キロメートルもの厚さで広がり、太陽からの光は直接金星に届きません**。加えて**その雲からは、硫酸の雨が降っている**のです。幸いなことに地表に届く前に硫酸の雨は蒸発しますが、硫酸の雨を生身の人間が浴びると、間違いなく溶け死んでしまうでしょう。

金星の大気圧にも注意が必要です。金星は地球の90倍も

の気圧をもっています。そんな金星の地表を歩くのは、地球で深さ900メートルの水圧を受けて歩くようなもの。同時に、摂氏460度の灼熱に焼かれ、最終的には蒸発した硫酸や大気中の大部分を占める二酸化炭素を吸ってしまい、呼吸困難となってしまうことでしょう。絶対に行きたくないですね。いや、ちょっと気になるかも。

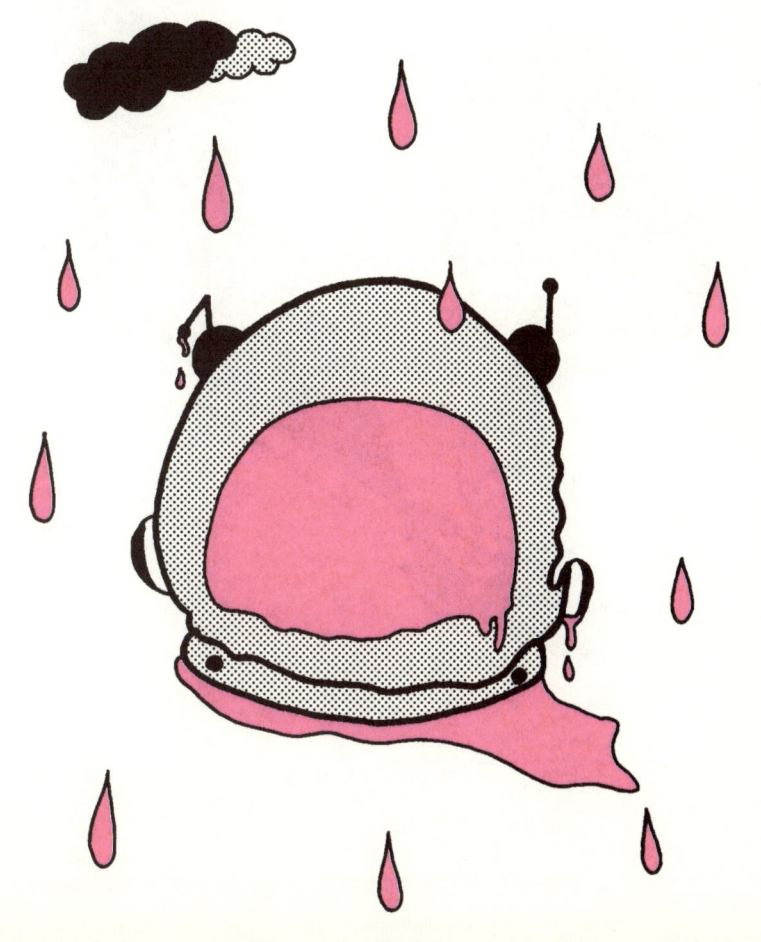

来るべき宇宙旅行に備えて

生身で宇宙空間、どれだけやばい?

宇宙空間に宇宙服なしで出るとどうなるか。答えはもちろん「死」。ですが、どのようにして死んでいくか、少しは気になるところでしょう。近い将来に宇宙旅

行が主流となり、宇宙空間に放り出されたときに備えなくてはなりませんしね。

　宇宙空間は宇宙でもっとも寒い場所、基本的には空気も何もない真空です。よくSF映画などでは身体が凍ってしまい、血液が沸騰して死に絶えるといった描写が描かれていますが、実際にはそうではないようです。まず、身体が凍ることはありません。身体の体温が奪われるには、その体温を奪う対象が必要です。宇宙には空気がありませんし、周りに何もない、つまり皆さんの体温を奪うものは何もないということになります。そして、血液が突然沸騰することもありません。

　では、どうなるのか。宇宙空間に出ると、私たちの身体から全ての空気が流出し始めます。身体中の穴という穴を塞いでも意味がありません。そして真空にさらされて10秒〜15秒で気絶します。これは肺の血液が脳に流れ出すからで、吸う空気がないため脳が空気を求めて苦しみ始めるのです。おそらくこの間に、真空に直接さらされている唾液や涙などが沸騰をはじめていることでしょう。あとは、予想通り死んでいくことになります。

　このように、宇宙空間は生命にとって過酷な環境なのです。科学技術を手にした知的生命体だけが到達することのできる空間であり、テクノロジーの詰まった宇宙服はいわば人間にとって「最小の宇宙船」なのです。

片道切符だった、宇宙で死んだ犬の話

1957年10月4日、ソ連が人類初となる人工衛星「スプートニク1号」の打ち上げに成功し、世界中が新時代の幕開けに歓喜した。一夜明け、当時ソ連を率いていた共産党の第一書記ニキータ・フルシチョフは、一仕事を終えて休暇に出ていたソビエト連邦最初期のロケット開発指導者セルゲイ・コロリョフを呼び出した。そして、フルシチョフはコロリョフにこう言った。

「革命記念日までに何か目立つ物を打ち上げてくれないかね」

　革命記念日までは1カ月を切っていた。しかし、第一書記の頼みを断るわけにはいかない。コロリョフはしばしの検討の後、フルシチョフの頼みを引き受けた。そして、犬を乗せることを確約したのだ。コロリョフはすぐに保養地に出かけた開発チームにかえってくるよう命令を下した。数日後、飛ぶようにかえってきた開発チームに向かって、コロリョフはこう伝えた。

「これから革命記念日までに、もう一機、衛星を打ち上げる。衛星には、犬を乗せる」

　それまで休みなしで働いていた設計局のメンバー達。休暇を打ち切られ、最初に聞いた言葉がそれだった。残り時間は1カ月もない、さらには犬を打ち上げるといった計画自体に困惑した者も多かったに違いない。コロリョフは続けた。

「これはフルシチョフ第一書記から直々に受けた命令だ。もちろん時間がないこともわかっている。公式ドキュメントなど書いている余裕はない。そこで、今後は私の指示に従ってほしい」

　宇宙開発は、綿密な打ち合わせのもと行うべきである繊細な領域の仕事である。しかし、彼らにはとにかく時間がなかった。図面が出来上がると、すぐさまそれを作業工房に持ち込み、工作部隊が製作を開始するという急ピッチの作業が行われた。公式会議も公式ドキュメントも存在しない、フルシチョフの口約束のもと進められたのである。

　実は、実験に用いる最も適切な動物としては犬のほかにサルも候補に挙がっていた。だが、サルは風邪をひきやすく、また、落ち着きのない荒っぽい動きは体に取り付けるセンサーを引きちぎりかねないという懸念があったことから犬が選ばれた。犬は飢えに強く、しつけしやすいというのも大きな特徴だった。

　ちなみに、犬はサルと違って、見栄えが良いというのも理由だったようである。そして、宇宙へ行く犬の条件は次の通りであった。体重6kg以下、体長35cm以下。白もしくは明るい色の毛を持ち、耐久力に優れ、しつけに従順な犬。狭い宇宙船のため、排泄姿勢の問題から犬の性別はメスに限定された。

　極秘宇宙計画に参加する犬、そう聞くと研究室で管理されていた特別な犬が選ばれるような気がするが、集められた犬たちは全て研究者が連れ帰ってきた野良犬だった。何も特別ではなかったのである。

〖 p.088へ続く 〗

CHAPTER

地球の常識ではついていけない
宇宙の天体

———

124億光年先で暴走的に
星を生み出すモンスター銀河など、
非常識が日常の宇宙の天体を紹介

炭よりも、黒の絵の具よりも暗い！

光を99％吸収する

真っ暗すぎる惑星

太陽と水星の距離が、約5800万キロのため480万キロはかなり近い。

TrES-26

真っ黒と聞いてすぐに頭に思い浮かぶ色は、どんな色でしょうか。木炭などの黒は、入射光の約4%を反射しています。また、地球上の物質においてもっとも黒い物質として知られているペンタブラックでも、入射光の約0.04%を反射しています。黒と言っても幅広いレベルが存在していますが、今回紹介する太陽系外惑星「TrES-2b」は光をほとんど反射しません。

NASAのケプラー宇宙望遠鏡によって発見された惑星「TrES-2b」は、木星とほぼ同じ大きさのガス惑星。この星は、その主星(恒星)からわずか480万キロメートルの位置を周回しており、摂氏980度という高温に熱せられています。それにもかかわらず、恒星からの光の99%以上を吸収して、真っ暗闇。炭よりも低く、真っ黒なアクリル絵の具をも下回る反射率をもつ「TrES-2b」は、これまで発見された惑星の中でもっとも暗い星なのです。

原因は大気に含まれるガス状のナトリウムやカリウム、酸化チタンなどが光を吸収してしまうためと考えられていますが、人類が想像もつかないような物質が眠っている可能性も考えられます。前述した通り、摂氏980度と高温のため生命が存在することはないでしょう。真っ暗闇の中、ガスが舞い散るような轟音が鳴り響き続けているのでしょうか。想像するだけでも恐ろしいですね。

気になるメモ

木星ほどの質量を持つガス惑星で、恒星の近くを回り高温になっている惑星のことをホットジュピターという。

美しい水色の星なのに
天王星はめちゃくちゃ臭い

天王星は、太陽系第7惑星。太陽系の中で木星と土星に次ぐ3番目に大きい惑星で、その薄い水色は宇宙におけるオアシスのような雰囲気が感じられます。「美しい外見の天王星は、さぞかし中味も美しいのだろう」、私はそう考えていました。しかし、現実は、宇宙はそんなに甘くありませんでした。単刀直入に言うと、天王星はおならの臭いがするのです。

天王星の雲の成分は完全には判明しておらず、長年の謎の一つでした。大気に関しては、主に水素やヘリウム、メタンからなっていることはわかっており、雲もそのメタンと水などが混ざった氷から成るものだと考えられていました。さらに、天文学者たちは硫化水素やアンモニアも含まれているのではないかということで研究を進めていましたが、確固たる証拠が発見されずにいました。イギリスのオックスフォード大学などから成る国際研究チームが、ハワイのマウナケア山にあるジェミニ天文台を使って、天王星の雲で反射した太陽の光を近赤外線域で分析したところ、<u>天王星の雲の上層部に硫化水素が含まれているという証拠を発見</u>したのです。この発見は同時に天王星が臭い星であ

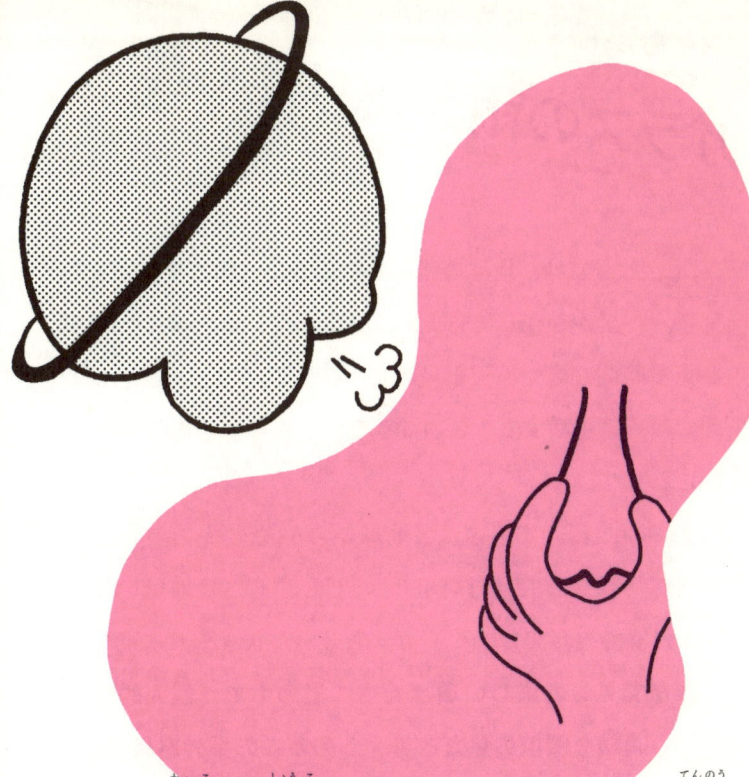

気になるメモ

マウナケア山は海底に6000mの山があり、合計10,205m。宇宙観測のメッカで最も宇宙に近い場所と言われる。

ることの確固たる証拠をつかんだことにもなります。**天王星に行き深呼吸をすると、おならや下水、卵が腐ったような臭いがする**というわけです。水素、ヘリウム、メタンが大部分を占める天王星の大気はマイナス200度のため、臭いを確認するまでにとんでもないことになりますけどね。

　天王星に硫化水素があることは、人間にとっては不快なものかもしれません。しかし、太陽系の初期の歴史を探り、太陽系以外の惑星系を理解するためにも、天王星が重要な役割を果たすかもしれないことを示しています。

もっとも過酷な環境かも

ガラスの雨が降り注ぐ星

気になるメモ

「HD 189733b」は、恒星の周りを2・2日で一周している。

宇宙には、地球の常識をはるかに上回るさまざまな星が存在しています。前述した、光を99%吸収する真っ暗闇な星や、天王星のような臭い星など、ひ弱な人間では到底生活することのできないような極限環境には驚かされます。

さて今回紹介するのは、地球から63光年先の宇宙にある地球とは違った「青い星」。ただし、そこは地球のような水に満ちた星ではなく、ガラスの雨が吹き荒れる星です。人類が発見した厳しい環境をもつ星の中で、個人的にもっとも過酷な環境の星だと考えるのがこの系外惑星「HD 189733b」です。

「HD 189733b」は、2005年10月にフランスの天文学者たちによって発見されました。この星は、恒星に極めて近い軌道を回る木星型惑星(ホットジュピター)。それから約8年経った2013年7月に、NASA(米航空宇宙局)とESA(欧州宇宙機関)の研究者たちがハッブル宇宙望遠鏡を使って、「HD 189733b」の色を特定したのです。

観測の結果、この惑星は濃いコバルトブルーであることが明らかとなりました。「HD 189733b」の色が濃いコバル

トブルーである理由は、大気の主成分がメタンやガラスの原料である「ケイ酸塩粒子」からなるためです。

　そして、ここからが本題。この惑星は、恒星の近くを周回しているため、恒星の方を向いている面の大気は摂氏1000度以上もの高温に熱せられています。反対に、夜になると冷えるその寒暖差で乱気流が吹き荒れています。そのため、**大気中のケイ酸塩粒子がガラスの雨となって時速7200キロメートルで吹き付けているのです。** 音速が時速1200キロメートルであるため、音速の約6倍のスピードでガラスの雨が吹き荒れているということになります。

　この宇宙にこんな異次元な空間が存在するのかと、耳を疑いたくなる気持ちもわかりますが、現在進行形で63光年先のこの星ではガラスの嵐が常に吹き荒れているのです。

灼熱と極寒を併せ持つ地獄の星では

マグマの海に
石の雨が降っている

地球からいっかくじゅう座の方向へおよそ500光年離れた場所に、「CoRoT-7b」という星があります。この星は、スーパーアース（巨大地球型惑星）に分類され、**質量が地球の約5倍、直径が地球の約2倍で密度が地球と極めて近く、岩石からなる星。**そして、この星の環境もかなり「やべー」なのです。

「CoRoT-7b」は、恒星のすぐ近くを周回しています。月が地球に常に同じ面を向けて回っているように、CoRoT-7bも恒星にずっと同じ面を向けて回っています。そのため、この星の恒星に向いている方の表面温度は、摂氏1000度〜1500度とされており、高温によって岩石がとけたマグマの海が存在すると言われています。また、蒸発した岩が雲を形成し、冷えたものが小石として落ちてくるのです。地球では水の雨ですが、CoRoT-7bでは石の雨と宇宙にはさまざまな環境があることを再認識できます。一方、恒星に向いていない側の表面温度はマイナス200度と極寒。**灼熱と極寒が共存し、さらには石の雨まで降る……。**いや、まだ

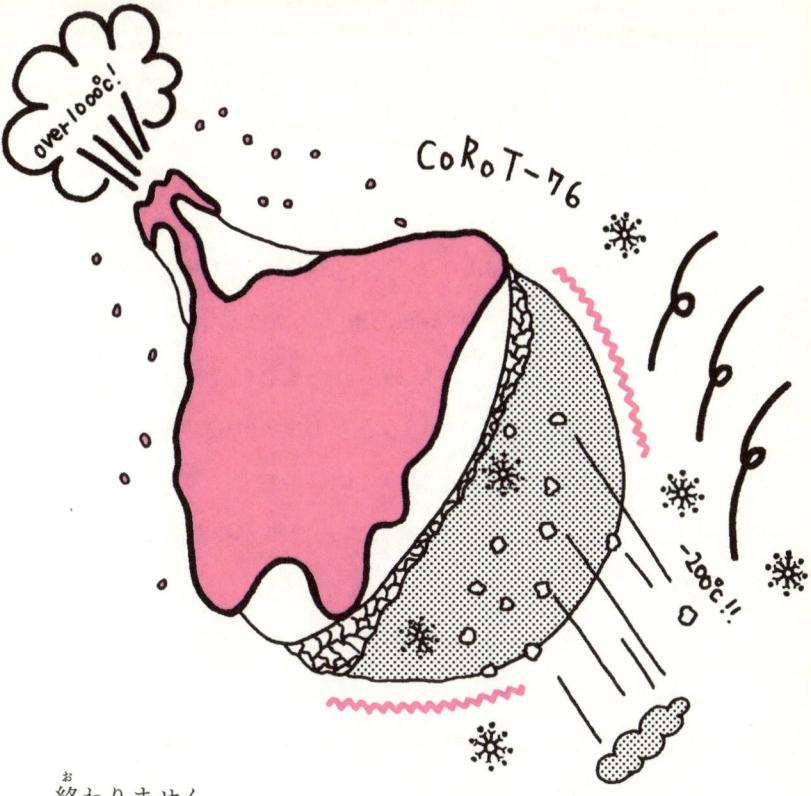

終わりません。

　この星では、火山が活発に活動しています。木星の衛星イオも木星の重力による潮汐加熱で内部の温度が上昇し、火山活動が活発な星です。これと同じようにCoRoT-7bも**恒星や近くにある惑星の影響を受けて、火山活動が活発になっている**と考えられています。

　片面は灼熱でもう片面は極寒、さらには石の雨が降り、活発な火山活動が起こっているという地獄のような星「CoRoT-7b」の大地を一度は目にしてみたいものです。

密度の75％が水と氷！地球以上の

「真の水の惑星」がある

皆さんご存知のように、地球は水の惑星と呼ばれています。地球表面のおよそ70％が水に覆われているので、一見すると水にあふれた星なのですが、地球全質量に占める水の割合でいうと、わずか0.02％程度。地球は本当に「水の惑星」と名乗っていいのでしょうか。そう、広大な宇宙にはより水で満たされた星が存在しているのです。

地球からへびつかい座の方向へ約42光年離れた場所にある「GJ-1214b」という星が、地球を上回る「真の水の惑星」。この星は、先ほど紹介した、石の雨が降っている「CoRoT-7b」と同じスーパーアースに分類されています。スーパーアースであることが確認された系外惑星としては、CoRoT-7bに続く二例目だったそう。直径が地球の約2.7倍、質量が約7倍のこの「GJ-1214b」が真の水の惑星と呼ばれる所以は、この惑星の密度の75％が水と氷からなり、残りの25％が岩石となっているためです。

地球で最も深い海は、マリアナ海溝にあり水深10キロと言われています。しかし、この星は水深数100キロの海が覆っているのです。泳ぎが苦手な人であればこの星には

絶対に行きたくないでしょうね。

　また、この星の表面温度は摂氏230度と推定されています。水の沸点である100度を超えているにも関わらず、海が存在しているわけはこの星が高圧環境にあるためです。宇宙には圧力が上がれば、沸点も上昇するというルールがあります。そして、それによってこの星では、地球では見ることのできない灼熱の海や、もの凄く熱い氷が存在すると考えられているのです。

　GJ-1214bの誕生については、この星が恒星から離れた氷が豊富な場所で誕生し、その後、恒星の惑星系ができたばかりの頃にゆっくりと内側に移動してきたためと考えられています。その移動途中、地球に近い温度となるハビタブルゾーンを通過してきた可能性もあるのです。

遠い昔、この星の海に生命が繁栄していたかもしれません。

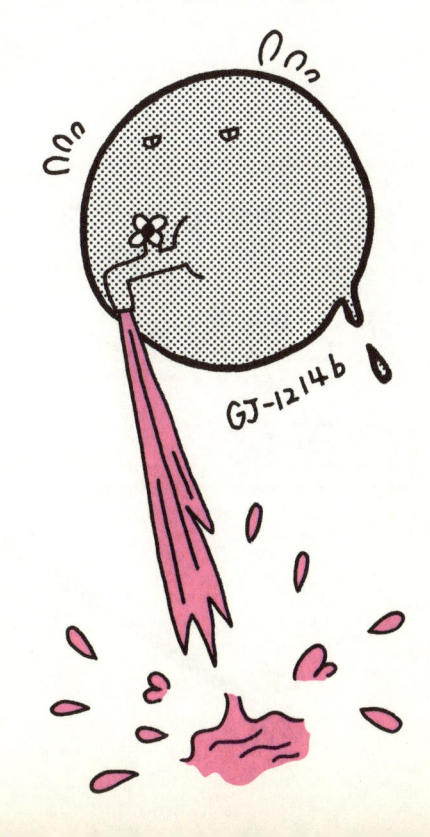

GJ-1214b

何_{なん}でそうなるの⁉

角砂糖_{かくざとう}１つで

重_{おも}さ数億_{すうおく}トン

の天体_{てんたい}

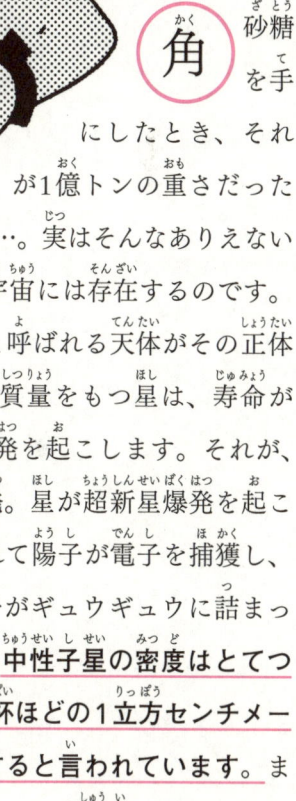

気になるメモ

中性子星の重力は、地球の2000億倍とも言われている。

角砂糖を手

にしたとき、それ
が1億トンの重さだった
ら……。実はそんなありえない
ものが宇宙には存在するのです。
中性子星と呼ばれる天体がその正体
です。大きな質量をもつ星は、寿命が
来ると最期の爆発を起こします。それが、
40ページで登場した超新星爆発。星が超新星爆発を起こ
すと中心部がギュッと凝縮されて陽子が電子を捕獲し、
中性子となります。この中性子がギュウギュウに詰まっ
た星を中性子星というのです。中性子星の密度はとてつ
もなく高く、ティースプーン一杯ほどの1立方センチメー
トルの重さが10億トンにも達すると言われています。ま
た、ありえない大きさの引力をもち、周囲にあるものを
飲み込んでいきます。それにしても圧縮しすぎですね、
もうわけがわかりません。

孤独すぎてヤバい！
宇宙空間を一人漂う
「浮遊惑星」

（地）球や木星などの惑星は、太陽などの恒星に引き連れられて銀河の中を移動しています。しかし、惑星ほどの質量をもつ天体であるにも関わらず、**恒星や褐色矮星といった恒星の重力の拘束を受けないで、孤独に銀河を漂う「浮遊惑星」という天体が存在する**ことをご存知でしょうか。

　浮遊惑星は、少し前まで「惑星」の扱いを受けていました。それは、もともと主星を公転している惑星であったものが、何らかの理由ではじき出されて、たった一人になったと考えられていたからです。しかし、近年の研究において恒星が惑星レベルの質量に変貌を遂げることで出来上がることもあるということが判明し、浮遊惑星全てが元惑星というわけではないことがわかりました。日本の名古屋大学や大阪大学などによる研究チームの研究によると、**浮遊惑星の数は数千億個にも達することが明らか**となっています。宇宙空間を一人さまよっている「浮遊惑星」に比べたら、人間の孤独など大したことじゃないように思えてきます。

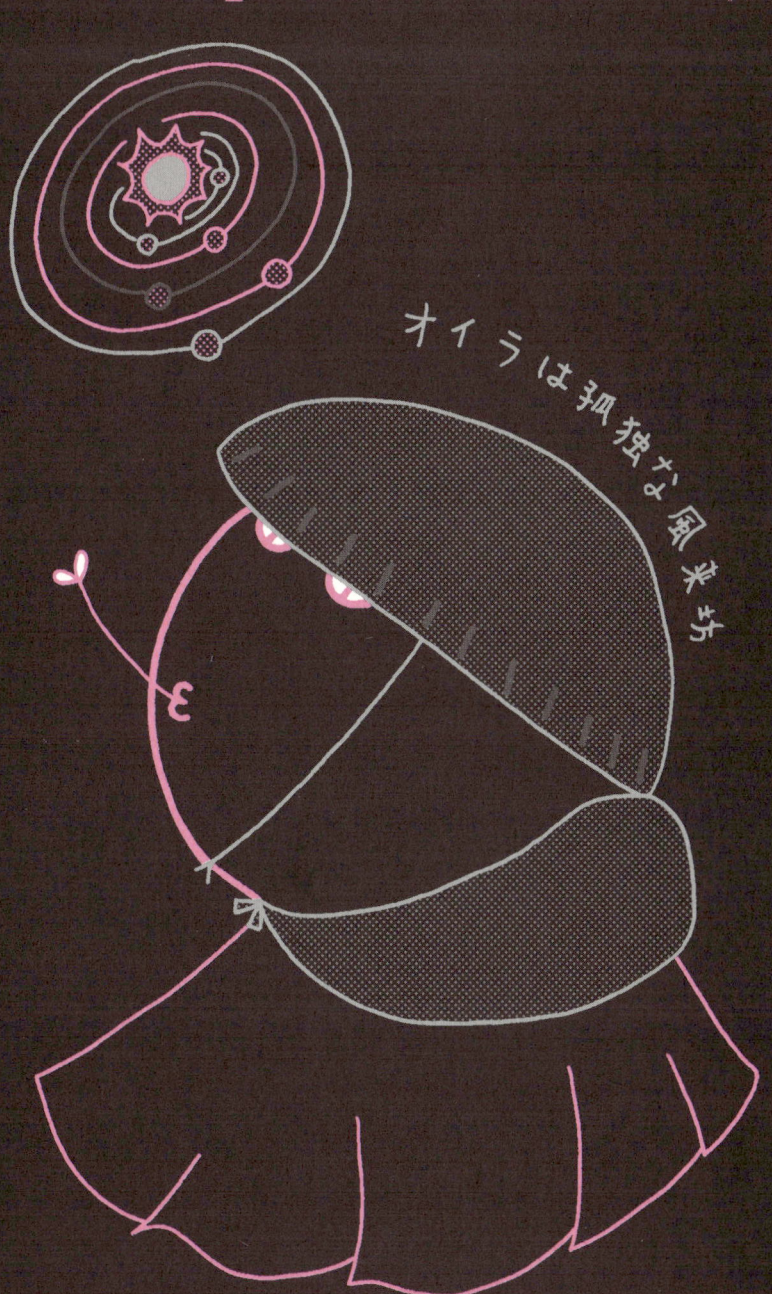

気になるメモ

銀河とは数多くの恒星や星間ガスなどの天体の集まりのことで、私たち地球が属しているのは天の川銀河

人類の移住先の第一候補

地球そっくり
「ティーガーデンb」

小 惑星の衝突や地球温暖化の暴走など、将来人類が地球に住むことができなくなるシナリオには枚挙にいとまがありません。もし仮に、地球の環境が破壊された場合、それを修復しようとすることは無駄な行動とわたしは考えています。星の環境を変えるというのは、現在の人類の科学技術にとって非常にむずかしいことだからです。では、どうすればいいのか。新たな星へと旅立つしかありません。

地球からおよそ12.5光年先にある「ティーガーデンb」と呼ばれる惑星は、人類にとって最適な移住先といえるでしょう。2019年6月に、地球とよく似た太陽系外惑星を探す天文学の国際プロジェクト「CARMENES（カルメネス）」の研究チームが地球とよく似た星「ティーガーデンb」を発見したのです。この星は、恒星(赤色矮星)「ティーガーデン星」の周りを回る惑星なのですが、主星には他に「ティーガーデンc」と呼ばれる惑星も周回しています。このティーガーデンbとティーガーデンcは、どちらも地球型

惑星（岩石惑星）で地球の1.1倍ほどの質量をもちます。2つの惑星の質量は地球に近く、組成に水や鉄が含まれていればその体積も地球に近いものになると予想されています。

そして、人類が生きていく上で重要な気温はどうかというと、ティーガーデンbは摂氏0〜50度あたり、平均して摂氏28度前後という温暖な環境である可能性があるとのこと。また、ティーガーデンcは、マイナス47度付近であるそうです。地球と火星の気温環境に似ています。

さらに、**惑星や衛星が地球にどれだけ似ているのかを地球を1.00として表す指標である「地球類似性指標」では、ティーガーデンcは0.68でまずまずの結果でした。しかし、ティーガーデンbはこれまで発見された星の中で最も高い0.95という数値が出されています。**地球から12.5光年先という近いようで遠い距離。この距離の問題さえなんとかすることができれば、間違いなく私たちの移住先の第一候補となるでしょう。

Teegarden b

気になるメモ

ちなみにティーガーデンbの一年は、約4・9日。

壊れた探査機が眠っている
油の湖や川が流れるタイタン

タイタンという星を知っていますか。タイタンは地球と同じ太陽系に属する土星最大の衛星。さらに、**表面温度がマイナス179度の超低温で、太陽系の衛星で最高に濃い大気と、雲で覆われています。** そのため、地球の1.5倍の気圧がかかっているのです。

もっとも興味深い点が地球と同じように液体の湖や川が流れていること。とはいえ、この液体の湖や川は「水」によって、構成されているわけではありません。地球よりやや高い気圧と超低温によって地球上ではガス状の「メタンやエタン」といった物質が、液体となって湖や川を作っているのです。タイタンは水ではなく油が星を循環するという、かなりの異世界なのです。また、メタンや氷などが噴出する氷火山も存在しています。

2004年12月25日、NASAの土星探査機カッシーニに搭載されていたESA(欧州宇宙機関)の探査機"ホイエンス・プローブ"がタイタンの探査に向かいました。タイタン上空約1000キロメートルの高度から大気圏に突入し、パラシュートを開いてゆっくりと降下。約2時間半かけて地表に着地したのですが、その間に大気の組成などの観測や地

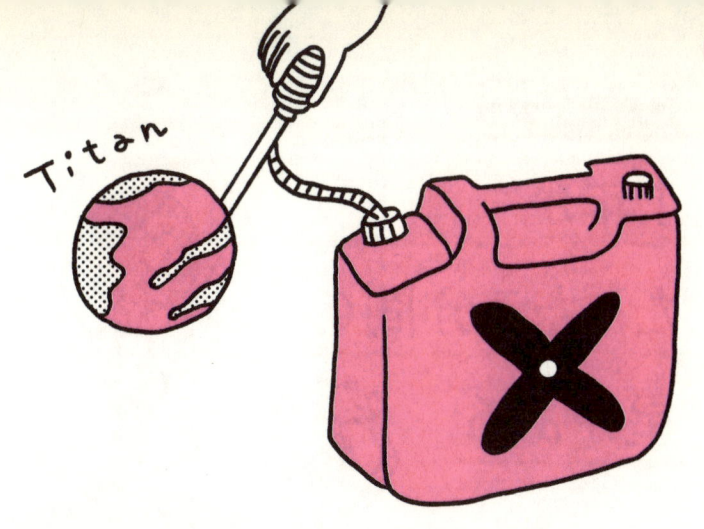

表の撮影にも成功しました。

　タイタンの太陽からの距離は地球と太陽の距離の10倍近くもあり、タイタン地表に届く太陽光は地球が受けとる太陽光の数％程度にすぎません。さらに、分厚い雲で覆われていることで、タイタンの表面は昼間でもかなりうす暗い状態だったようです。そのため、ホイヘンスは地上 700 メートルの高度まで降下したころに、下向きへライトを点灯して撮影を続けました。さて、厚い雲を通りぬけて地表に降りたホイヘンスはどんな世界を見たのでしょうか。

　そこはあまりに地球的でした。白っぽく明るい丘陵地には樹枝状の谷や砂州のような地形も。史上初めて観測されたタイタンの地表は、地球上で見なれた景観に驚くほどよく似ていたのです。その後、探査機はバッテリー切れで動けなくなり、今もタイタンの冷たい大地の上で眠っています。

NASAは2026年に打上げ、2034年到着予定で、タイタンへドローンを送る計画を進めている。

超高速で公転している

1年が

たった7分間の

星がある

地球の1年は365日×24時間で8760時間。1年の長さというのは、惑星が恒星の周りを一周する時間であり、星によってバラバラです。そして、今回紹介するのは一年がたった7分間しかない高速で公転している、ち

よっと変わった**天体**についてです。

カルフォルニア工科大学の研究チームが、2019年7月に「ZTF J1539 + 5027」(略称：J1539)という2つの星がお互いのまわりを回る連星を発見。J1539は双方とも白色矮星と呼ばれる特殊な天体で、一つの星は大きさが地球サイズ、そして太陽の60%程の質量をもっていました。もう一方の星は相手の星よりも大きいにも関わらず、質量は太陽の20%程度と比較的軽い白色矮星でした。2つの星を合わせて、大体太陽と同じほどの質量であるそうです。ちなみに、**夜空に浮かぶ恒星の半数以上が、このような連星というペアを作って互いに回り合っている可能性がある**と考えられています。さらには、3つ以上の星が互いに重力的に束縛されて、軌道運動している系も存在しています。

さて、J1539の互いの距離は月と地球の間の距離の5分の1程度で、かなり接近している状況です。そして、毎秒数百キロという速度かつ6分54秒という周期で、お互いの周りを公転しているのです。また、これらの**2つの白色矮星は1日に約26センチずつ接近しており、最終的には衝突し、主星が伴星を取り込んでしまう**と考えられています。J1539は、ほんの数年で軌道周期が測定不可能なほど短くなると考えられており、こうした非常に接近した状態でもつれ合って回る連星は重力波のさざ波を発生させるということが、一般相対性理論により予想されています。

小惑星衝突から守ってくれる

木星がいなければ
地球は存在しない

気になるメモ

星の重力は、質量と大きさによって決まる。

太陽系最大の惑星である木星は、水素とヘリウムを主成分とするガス惑星。2011年にNASAによって打ち上げられた木星探査機「ジュノー」は、2019年現在においても木星の観測を続けています。**木星は、地球の11倍の大きさで、300倍以上の質量、体積は1300倍以上とそのでかさは歴然たるものです。** そして、そんなにも巨大であるにも関わらず、約10時間というものすごい速さで自転をし、その高速の自転運動と大気中の大きな流れが関係して木星の美しい縞模様が作られているのです。

このように美しい側面をもつ木星ですが、反対に力強い側面ももち合わせています。太陽系には、地球や月といった惑星や衛星だけでなく、無数の彗星や小惑星が漂っています。その中には、20ページでお伝えした小惑星「2019 OK」のように地球の安全を脅かすものも多数あります。

しかし、みなさん知っている通り、危険な大きさの小惑星が地球に衝突することは滅多に起こっていません。この小惑星や彗星が地球にぶつかりにくい要因となっているのが、

木星なのです。**木星はその巨大さ故、地球の約2.5倍の重力があります。その強い重力によって小惑星などを引きつけて、地球の安全を保ってくれています。**木星はいわば地球にとって守護神のような存在。しかし、その守護神も稀にミスを起こします。地球にとって危険がない小惑星などを木星の重力が軌道を変え、地球に接近させてしまうということもあります。とはいえ、かなりの数の小惑星から地球を守り続けてくれているので、少しばかりは目をつぶってあげましょう。実際、木星と小惑星の衝突は月に5回ほどのペースで起こっています。守護神「ジュピター」の存在によって、私たち地球の生命が存続しているといっても過言ではないほど木星は重要な存在とわたしは思います。

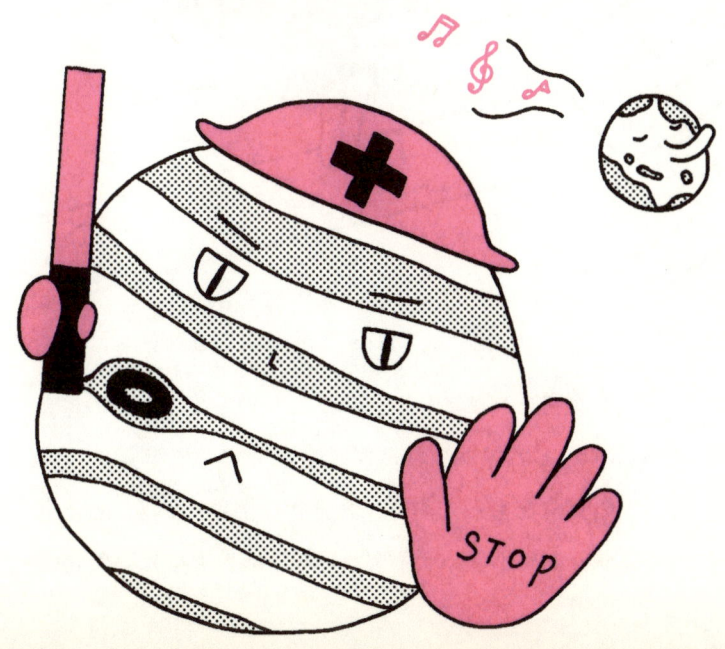

ありえない場所にある
「禁断の惑星」と呼ばれる星

2 019年5月にありえない場所で、ありえないものが発見されました。ありえないものというのは、「NGTS-4b」と名付けられたガス惑星です。地球質量の20倍ほどの質量をもっており、大きさは地球の3倍ほど、海王星よりも20%小さいサイズでした。地表温度は摂氏1000

度にも上り、恒星の周りをわずか1.3日で一周するほど高速で公転しています。チリのアタカマ砂漠の中心部分にあるパラナル天文台が「太陽系外惑星探索」の目的で行っている「NGTS(次世代トランジットサーベイ)」により観測されました。それでは、なぜこれがありえないものなのか。宇宙によくありそうなガス惑星に思えますよね。

　問題なのは「NGTS-4b」が存在する場所です。恒星に近い空間である、「ネプチュニア砂漠」と呼ばれる領域で発見されました。**ネプチュニア砂漠は海王星ほどの大きさの惑星は絶対に見つからないエリアと認識されていました。** その理由はネプチュニア砂漠が恒星から強い照射を受けていることにあります。同エリアに惑星が存在しても、高温の照射により惑星表面のガスが蒸発してしまい、岩石の核しか残らないからです。しかし、**「NGTS-4b」はネプチュニア砂漠にいながら、地表にガスを保ったまま。発見した研究者たちは、この星を「禁断の惑星」と呼んでいます。**

　研究者たちは「本来海王星サイズの惑星が存在しないはず」のネプチュニア砂漠に禁断の惑星が存在する理由について、過去100万年以内のごく最近になってネプチュニア砂漠に移動してきたため、あるいは禁断の惑星の大気は非常に多く、まだ熱により蒸発している最中なのかもしれないとしています。いつか、禁断の惑星も核だけとなってしまう日が来るのでしょうか。

気になるメモ

海王星は太陽系の第8惑星で、アンモニアを含む水や氷からなる惑星。

別の太陽系が存在しているかも⁉

死んだ恒星を周回し続ける惑星の存在

白色矮星は地球と同程度かやや小さいくらいの大きさで、非常に高密度な天体。

これまで恒星が寿命を終えると、恒星を周回する惑星は粉々に滅びてしまうと考えられていました。恒星には寿命があり太陽ほどのサイズの恒星の場合、内部にある水素燃料を使い果たした後、約100倍もの大きさに膨らんで赤色巨星となり、周りの惑星を飲み込みます。

その後、膨らんだ外層部は外側へ放出され、惑星状星雲と呼ばれる美しい残骸を残します。一方で中心部には白く輝く白色矮星が残されますが白色矮星の強い重力のため、膨張の際に飲み込まれずに生き残った惑星たちが次々と吸い込まれていくと考えられています。

しかし、2019年4月にイギリス・ウォーリック大学の研究チームによって、白色矮星を取り巻くガスの円盤から届く光を集めて分析する分光法という手法により白色矮星の周りに岩石状の天体が発見されました。この天体は円盤中

を2時間の
周期で公転する微
惑星でした。研究者たちは、この
微惑星はかつて地球のような存在であったと考えています。
強い重力を持った白色矮星のすぐ近くに微惑星が存在して
いるということは、今までの私たちの太陽系に関する考え
方を改めさせることでしょう。もしかすると、白色矮星の
周りに何十億年も惑星が存在し続けているのかもしれませ
ん。

星形成が暴走状態！
124億光年先の
「モンスター銀河」

宇宙では、毎年のように新たな恒星が誕生し続けています。星の集団である銀河は、その質量で周りからガスを引き付け、銀河の中で星を誕生させ続けます。私たちの属する天の川銀河でも、現在1年当たり質量にして太陽数個分の星がつくられています。しかし、この宇宙にそれをはるかに上回るスピードで星を生み続けている銀河があることがわかりました。

124億光年かなたにある銀河「COSMOS-AzTEC-1」は、大量に星を生み出すモンスター銀河。国立天文台を中心とする国際研究チームが、アルマ望遠鏡を使ってこのモンスター銀河を観測したところ、潰れやすい分子ガス雲が、大量の星々を暴走的に生んでいる様子が観測されました。現在の天の川銀河で生まれる星の数の少なくとも1000倍以上が誕生していたのです。暴走の原因はいまだにわかっていません。

気になるメモ

初期の宇宙では、こうしたモンスター銀河も珍しい存在ではなかった。

たどり着けるかが問題……

ダイヤモンドで出来た星で

大金持ちに

気になるメモ

233万キロメートルは、地球と月の距離の6倍ほど。

次は、人間にとって夢のある星の話。2004年8月に、アメリカのイェール大学とフランスの天体物理学研究機関による研究チームが、なんとダイヤモンドでできた惑星を発見しました。その星は地球から40光年の距離にあるかに座55番目の惑星「かに座55e」。半径は地球の2倍程度、質量は8倍の岩石惑星でスーパーアースに分類されます。

この星は、主にダイヤモンドと黒鉛などから構成されています。星の質量の約3分の1がダイヤモンドで出来ており、それは地球3個分の質量にもなります。内部のダイヤモンドは地球上で見られるものよりも純度が非常に高いとされ、おそらく数千兆円以上もの価値があると考えられています。しかし、人間界でダイヤモンドが高価な理由は、その希少性にあります。地球のそこら中にダイヤモンドが転がっていれば、どれほど美しくとも石ころに変わりありません。「かに座55e」にあるとてつもない量のダイヤモンドを高値のまま取引するには、一企業や一個人で独り占め

する必要があるかもしれません。

　では、この「かに座55e」へダイヤの採取に行くことはできるのでしょうか。40光年の距離が一つ目の問題。また、次に問題となるのは「かに座55e」の表面温度です。ダイヤモンド星は、恒星からの距離が約233万キロとかなり近く、この星の1年はおよそたったの18時間です。そして、表面温度が摂氏約2150度と推定されています。現在の科学技術では、この温度の星に着陸する力はありません。宝を目の前にして、指をくわえることになってしまうのです。しかし、この<u>摂氏2000度を超える高温と炭素の存在が、ダイヤモンドが生成される良い条件となっている</u>のも事実です。いつの日か、誰かがこの星に眠る大量のダイヤモンドを手にする日は来るのでしょうか。

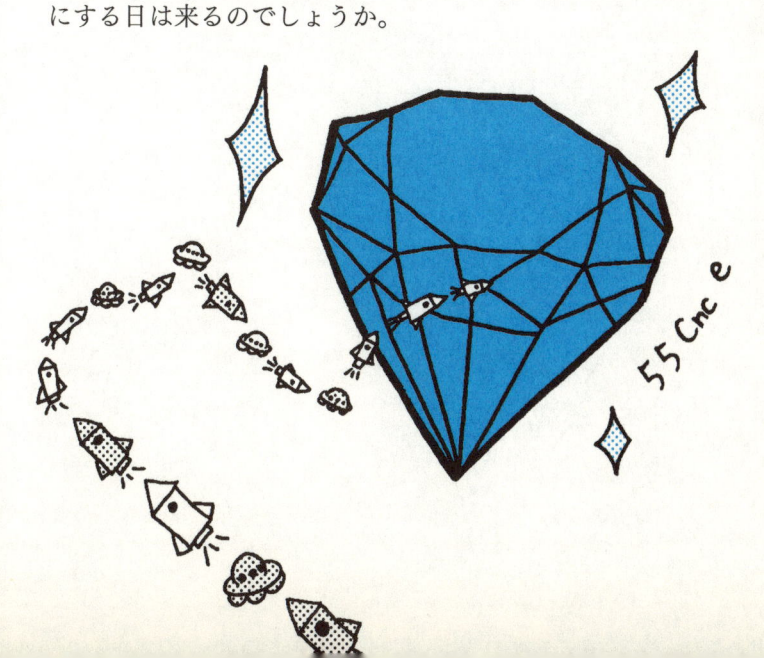

気になるメモ

ダイヤモンドと黒鉛は、同じ炭素原子が主成分だが構造が異なる。

宇宙一巨大な星
「たて座UY星」は超まぶしい

たて座UY星が発見されるまで、宇宙一大きな星はおおいぬ座VY星で太陽の1400倍ほどの大きさだった。

皆さんご存知のように宇宙には、信じられない数の星が存在しますが、単純にもっとも巨大な星に興味はないでしょうか。今回は、宇宙一大きな星について紹介します。

宇宙一巨大な星は、太陽からおよそ9500光年離れた場所にある「たて座UY星」と呼ばれる恒星で、赤色超巨星に分類されています。赤色超巨星とは、直径が太陽の数百倍〜千倍以上あり、明るさは太陽の数千倍以上ある恒星のこと。「たて座UY星」の直径は太陽の約1700倍。太陽でさえ地球の109倍もの大きさであるにも関わらず、それをずっと上回る大きさなのです。また明るさは太陽の34万倍ほど、かなりの光度を誇ります。しかし、それほどまでに巨大な「たて座UY星」も、質量は太陽の7〜10倍ほどしかありません。大きさの割には、かなり軽い星のようです。

しかし宇宙にはまだまだ人類が発見していない星が山のように存在します。現在のところ宇宙一大きい星というだけで、数年後には「たて座UY星」でも足元に及ばないようなサイズの星が発見されているかもしれませんね。

フュージョン!!
寿命を終えた2つの星が復活

1054年に発生した超新星爆発は、昼間でも見えるほどの明るさが当時の記録で23日間にわたって続いた。

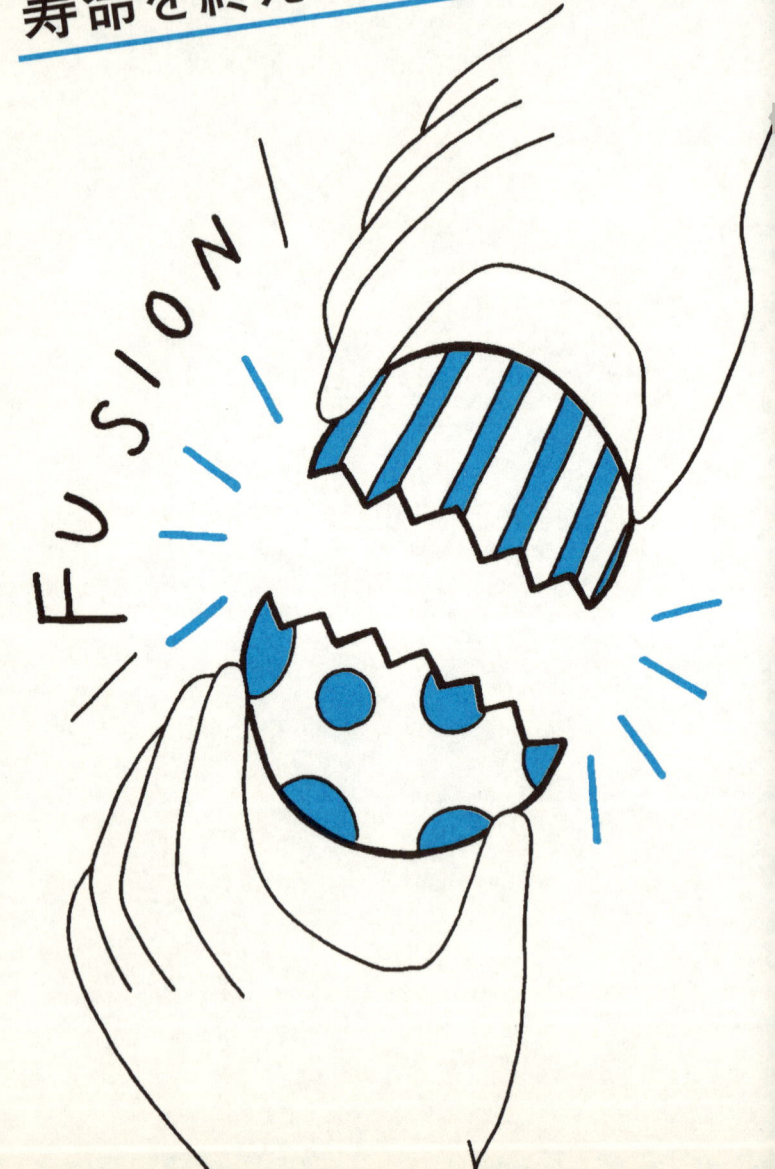

FUSION

　ヒトは寿命が尽きると、身体もいずれ朽ち果てますが、星の場合はそうではないようです。**寿命を迎えた2つの星が合体し復活した事例が報告されました。**

　ドイツのボン大学は、ロシアのモスクワ大学との研究により、地球からおよそ1万光年離れたカシオペア座の一角の宇宙空間に異常な天体を発見したことを発表しました。かつて死んだはずの2つの恒星が、同じ軌道上を回っており、数百万年をかけて徐々に近づき奇跡的に合体したことで恒星として復活したのです。合体した2つの星は白色矮星でした。太陽のような恒星では、水素の核融合によって莫大なエネルギーが生み出されていますが、水素が使い果たされると次はヘリウムが核融合に使われます。しかしながらこのクラスの質量をもつ恒星ではヘリウムよりも重い元素による核融合反応を起こすことができないため、ヘリウムを使い果たした段階で、核融合は終わり、白色矮星へと変貌を遂げてゆくことになります。この**核融合を終えた段階で恒星は死を迎えたことを意味しますが、この2つは合体することで生まれ変わることに成功したようです。**

　この復活した恒星は太陽の約4万倍もの輝きを放ち、質量は太陽の1.4倍と推定されています。しかし、復活できたものの、その輝きは数千年しかもたないようです。そして、その後には超新星爆発を起こし、地球からもその輝きが観測できると推測されています。

大きいのにスッカスカの
発泡スチロールみたいな星

星は大きければ大きいほど重くなるというわけではありません。天体にもそれぞれの密度があり、中性子星のように角砂糖一個大の大きさで数億トンもある星（62ページ参照）や、発泡スチロール並みにスカスカな星などさまざまなものがあるのです。

地球からさそり座の方向へ約1000光年先にある恒星「WASP-17」のまわりを周回する系外惑星「WASP-17b」という星が、発泡スチロール並みに軽い星です。この星は大きさが木星の1.5~2倍もあるにも関わらず、質量が木星の半分ほどしかありません。ただでさえスカスカなガス惑星である木星を上回るほど低い密度をもっているのです。

通常、惑星は中心の恒星が回転する向きと同じ方向に公転するのですが、WASP-17bは中心星の自転方向とは逆向きに回っています。これは生まれたばかりのころに、軌道上で他の惑星とニアミスを起こしたことによるものとみられています。形成初期の惑星はニアミスや衝突することが多く、自由な場所に存在し放題となっているのです。月は生まれて間もない地球に、火星サイズの惑星がぶつかって飛び散った物質からできたと考えられています。この

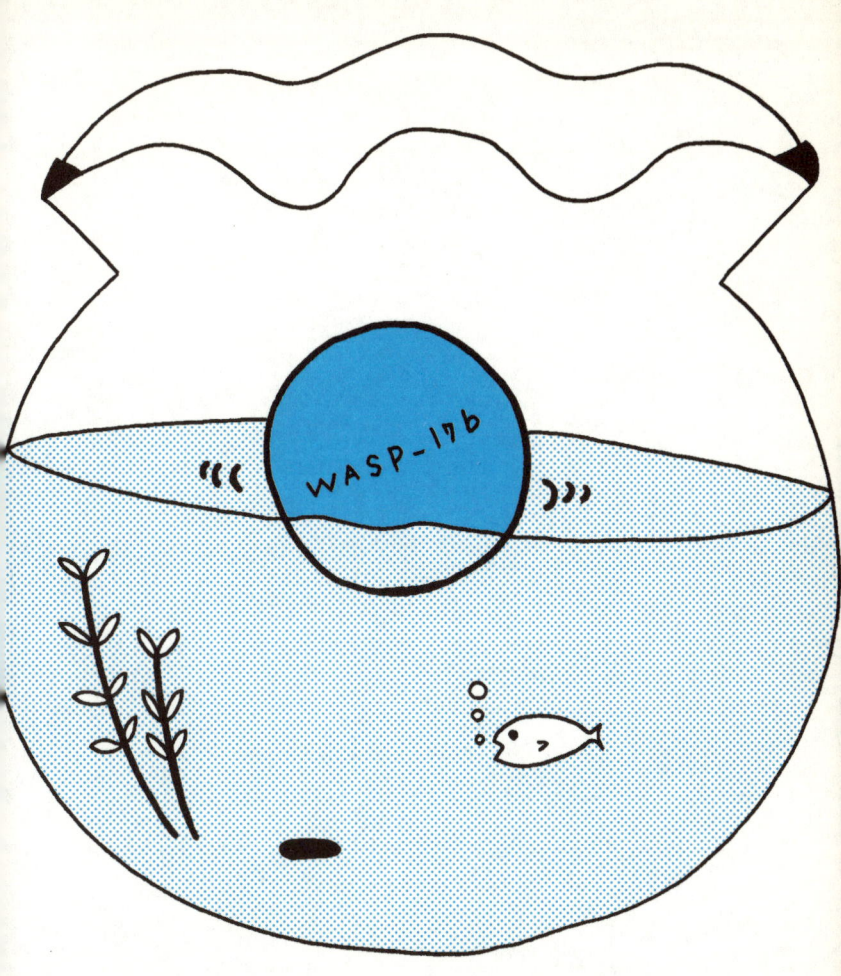

WASP-17b も、ニアミスによって公転方向が変えられたのでしょう。

発泡スチロールレベルの密度である「WASP-17b」は水に浮かばせることができるでしょう。超巨大な水槽を用意して、水面に浮かばせてみたいですね。

片道切符だった、宇宙で死んだ犬の話 ❪ 2 ❫

　最初は、犬を少しずつ狭いスペースにならす訓練が行われた。これは小さな観察窓の付いたカプセルの中に閉じこめる閉鎖実験だったが、カプセルの大きさを徐々に小さくしていく。犬たちは最初の数日は吠えたり鳴いたりしたが、やがて慣れて落ち着きを取り戻していった。続いて、より狭く殆ど体を動かすことのできない程度の空間に閉じ込められる。ヘルメット付きの気密服を着せられた犬たちはチェーンで固定され、立ち座りと僅かな前後移動だけができる状態に最長20日間も束縛された。さらには、外界からの刺激に対する耐性試験も行われた。

　訓練に適応できない犬は随時除外され、この時点で10匹の犬が残っていた。この中から6匹が選抜され、実際の気密カプセルを用いた閉鎖訓練が行われた。そして結果「クドリャフカ」という犬が選び抜かれた。もとはモスクワ市内を歩いていた放浪犬が宇宙に行くことになったのである。

　ところで、このクドリャフカの正体が「ライカ」である。打ち上げ直後の報道混乱期以降、報道の現場では世界的に「ライカ（ないしはライカ犬）」と呼称しており、以降ソ連国内の関係機関も含めライカという名前が使われるようになったのだ。そのため、以降はクドリャフカのことは"ライカ"と書くことにする。

　犬を宇宙船に入れて飛ばすわけである。スプートニク1号のように金属球を打ち上げるのとはわけが違う。生きて宇宙に届けなくては意味がないため、きちんとした生命維持装置は不可欠となる。とはいえ、宇宙船の重量が上がりすぎると打ち上げの難易度も高くなってしまう。そのため、ライカが入るスペースは半径32cm、長さ80cmの気密カ

プセルに決定された。中央の球形カプセルにはスプートニク1号で使用された無線発信器とバッテリー、その上にランチジャー型の宇宙線・X線・紫外線観測センサーが置かれた。さらに、ライカは心拍数、血圧、呼吸を確認するためのセンサーが組み込まれた宇宙服に身を包んだ。この宇宙服でライカの生死を確認することができる。

最大の問題となったのが、餌の供給であった。

システムをできるだけ簡単にするため、食事は一種類のみを供給することになった。様々な検討の結果、体重を減らすことなく犬を8日間生存させることができる栄養メニューと水分を割り出し、飼料はパンくず40%、粉状肉20%、牛脂肪20%の配合で、これに水とゼラチンパウダーを混ぜ、ゼリー状にしたものに決定された。これを約2Lのスズ製の缶へと詰め、1日100gを食事の時間にカートリッジベルトで犬の前に出すこととなる。こうしてできあがったスプートニク2号は全体のサイズが高さ4.3m、底部の直径2.3mの円錐形で、重量は504kgとなった。

これでライカを無事に宇宙に届けられる。しかし、この宇宙船には大気圏に再突入し安全に着陸するための装備が取り付けられていなかった。いや、取り付けることができなかったというのが正解かもしれない。

当時にはまだ大気圏再突入の技術が確立していなかったのである。これにより、ライカが乗ったスプートニク2号が打ち上げられたその瞬間、遅かれ早かれライカの死が確定してしまう。

このプロジェクトに関わっていた者たちはこの事実を当然のごとく知っていた。そのため、関係者たちはライカを大切に扱った。訓練中、ムチで打つこともあったが、基本的に待遇はよかった。コロリョフらは、犬たちを視察する度に持ってきた餌を与え、撫で、可愛いがっていたのである。

《 p.126へ続く 》

ほとんどの人が意外に知らない
宇宙のあれこれ

ほとんどこわい話ですが、
オゾン層が2060年までに完全復活……、
いい話もありますよ

世界は超新星爆発から始まった

私たちはみな超新星の残骸であるということ

全ての始まりであるビッグバンは、この宇宙に水素とヘリウムをもたらしました。昔は水素とヘリウムだけでなく、日常に存在するすべての元素がビッグバンによって合成されると考えられていたのですが、それは間違った解釈でした。

　それでは、私たちの身の回りにあふれる酸素、炭素、窒素、鉄などの元素はどの段階でこの宇宙空間に供給されたのでしょうか。

　答えは超新星爆発です。超新星爆発には様々な種類があります。恒星が自ら輝くことのできる理由は、内部で核融合反応が行われているため。初期の宇宙からたんまりとあった水素やヘリウムなどが融合を繰り返すことで、炭素、酸素、ネオン、カルシウムといった元素が次々に作られていきます。たとえると、恒星は元素をつくるマシーンのようなものと言えるかもしれません。そして、**ある種類の超新星では星が跡形もなく吹き飛ぶため、星の内部の物質はすべて宇宙にぶちまけられることになります。**これにより、私たちの身の回りにある元素が宇宙に供給されるのです。

　こうした元素たちは、超新星爆発を経て宇宙を漂います。そして、宇宙に浮かんでいた水素やヘリウムや他の星から来たガスとも一緒になり、他よりもわずかに濃いガスの集まりができると、その重力で周囲のガスを引きつけて星となります。我々の太陽系も46億年前にこの過程をたどり誕生したとされています。恒星を回る惑星には、広大な海をもっているものもあるかもしれません。そして、その海の中でタンパク質ができ、生命が誕生することもあるでしょう。**私たち人類は、超新星爆発から始まり奇跡が積み重なった結果、誕生した存在なのです。**

気になるメモ

超新星はその爆発によって極高温になるため、恒星での元素合成ではできなかった重元素の合成が可能となる。

太陽系一高い山は、高すぎて

エベレストでも
到底かなわない

マウナケア山の海面からの高さは、4207メートル。

地球でもっとも高い山は、エベレストですが、宇宙にはそんなエベレストでは比べ物にならないほど高い山が存在しているのです。

それが**太陽系で最大級と言われる火星最大の楯状火山「オリンポス山」。地球一であるエベレスト山の高さは8850メートルなのに対し、オリンポス山はなんと約2万7000メートル**。オリンポス山は、長い間すでに活動を停止した火山だと考えられていました。しかし、2004年12月23日にドイツの研究チームが、240万年前に噴火した形跡を発見し、将来噴火する可能性をもつ活火山であることを指摘したのです。火星の火山は数十億年という長い寿命において数十万年〜数百万年にわたり活動を休止することもあるといいます。オリンポス山の火山活動によってできたカルデラの大きさも桁違いで、6つのカルデラが重なって出来ており、富士山がほとんど収まってしまうほど。これほど巨大化したわけは火星ではプレート移動が起こらないため、ホットスポット上に火口が留まり続けたためではないかと

考えられています。

　他にも木星の衛星「イオ」などには、エベレストを上回る1万メートル級の山がたくさんあります。また、しかしながらこの地球にも1万メートルを超える山が存在します。地球一高い山であるエベレストは、海面からの高さにおいてです。しかし、**海中を含めると世界一高い山はエベレストではなく、ハワイにあるマウナケア山なのです。**海中を含めた高さは、オリンポス山に劣らぬ1万203メートルにもなります。

水星の不思議

水はないが氷があるって何?

水星は太陽系第1惑星で、太陽のもっとも近い軌道を周回している惑星です。読み方が同じため、彗星とよく間違えられる星でもあります。水星と彗星は宇宙では全く別の存在です。しかし、今回の話においては密接に絡み合う存在となります。

水星は一見すると豊富に水のある星なのかと思ってしまいますが、水はなく岩石と金属からできた見た目は月にそっくりな殺風景とした惑星です。月と水星が異なる点として、水星には極めて微量な大気が存在していること。しかし、水星の大気は薄すぎて太陽に面した際には地表温度が450度にまで上ります。こんな暑い星に水があると、すぐに蒸発してしまうことでしょう。しかし、不思議なことに水星には水はありませんが、氷はあるのです。

NASAの水星探査機「メッセンジャー」が撮影した画像を分析した結果、南極付近の複数のクレーターの内側に、永久に太陽光の当たらない場所があることが確認されました。さらに、そこに氷があることがわかったのです。水星では太陽の光の当たる場所は高温なのに対し、影の場所ではマイナス170度にまで下がります。そのため、常に陽の当た

らない場所では氷が存在できるということです。

では、**氷がなぜ水星に運ばれたのでしょうか。真実は未だ明らかとなっていませんが、水を豊富に含んだ彗星や小惑星が衝突したことでもたらされたと推測されています。**

この問題を解決することは、地球に大量の水がもたらされた理由を知る手がかりとなるかもしれません。

ホーキング博士からの挑戦状

ブラックホールは蒸発して消える!?

全て を吸い込むことのできる莫大な質量を有するブラックホールは、宇宙の中で永遠に存在し続ける最強の存在。一昔前まで、ブラックホールは周囲にあるものを飲み込んで、ひたすら質量を増やしていくものと考えられていました。

しかし、1974年にイギリスの理論物理学者スティーヴン・ホーキング博士が「ホーキング放射」という衝撃的な理論を提唱したのです。ホーキング博士は極微の世界の物理法則である量子論(量子力学)の考えを、極大な世界である

ブラックホールに当てはめて考えました。量子論によると、一見何もない真空と思われる空間においても「仮想的な粒子」のペアが生まれたり消えたりしています。そして、こうした粒子のペアの片方だけがブラックホールに飲み込まれてしまうことがあるのです。その時、飲み込まれなかった方の粒子は、その反動で遠方にはじき出されてしまいます。この様子を遠くから観察すると、ブラックホールが粒子を放ち、その分だけエネルギーや質量を減らして小さくなるように見えるのです。これが『ブラックホールの蒸発』と言われています。

　2016年にイスラエルの研究チームが、この理論を裏付ける研究論文を発表しました。それは人工的に作ったブラックホールによって、ホーキング放射を観測したというもの。またブラックホールの蒸発はブラックホールが大きい時には非常にゆっくりとしか進行しません。ブラックホールが小さくなるにつれて、蒸発の速度は雪だるま式に速くなっていき、質量がどんどんと減少していきます。そして、最後には激しく蒸発してしまうとされています。

　ちなみに、太陽ほどの重さのブラックホールが完全に蒸発するには、10の66乗年ほど時間を要するそうです。銀河の中心部にあるとされている超大質量ブラックホール（太陽の1兆倍の質量）の場合、10の100乗年ほどと、とてつもない時間が必要となるのです。

気になるメモ

イスラエルの研究チームのブラックホールはチューブに流体を流し、ある地点で音速以上に加速させ音響的に地平面を生み出したもの。

人間が寝ている間も

太陽系は「魔貫光殺砲」

のように移動している

月 は地球の周りを回っており、地球も太陽の周りを回っています。それと同じように太陽を中心とする太陽系も、天の川銀河中心にある超大質量ブラックホールの周りを回っているのです。

そのスピードですが、地球は太陽の周りを秒速30キロほどで移動していると言われています。そして、太陽系は秒速240キロほどで天の川銀河内を移動しています。秒速240キロは、東京から大阪まで1.7秒足らずで到達することのできる速さ。そのため、地球表面で眠りについている

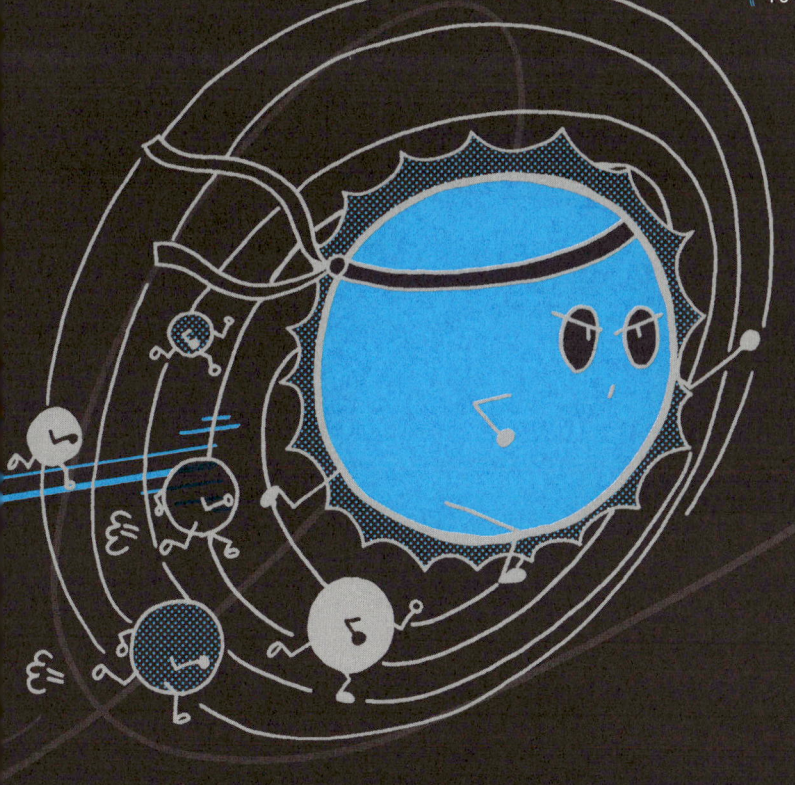

気になるメモ

太陽系は現在、天の川銀河の中を回り、太陽系が誕生してから約20〜25回ほど回っている。

時であっても私たちは宇宙空間を超高速で移動していることになります。

そして、銀河を移動している太陽系の軌跡がとても面白いのです。太陽系の惑星は猛スピードで移動する太陽の周りをじゃれるかのように回っています。それはまるで、人気漫画ドラゴンボールに登場するピッコロが使う必殺技「魔貫光殺砲」のよう。太陽系はピッコロがつくった!? というわけではないですが、想像すると楽しいですね。

想像を絶する数量

宇宙の星は地球上の砂つぶよりも多い

宇宙にはどれほどの星の数があるのか。満点の星空を眺めたときに誰もが頭に浮かぶ疑問でしょう。

まず、私たち太陽系の属する天の川銀河には2000億個の恒星があると考えられています。さらに、惑星の周りには月などの衛星が回っているものもあります。そうなると、2000億では比べ物にならない数の星が存在することになります。しかし、確実なデータがないため恒星は2000億個として話をします。観測可能な宇宙にはさらに銀河が2兆個あると言われ、単純計算すると宇宙全体で恒星が4000垓個ほどあることになります。日常では絶対に使うことのない単位で、どれほど大きい数なのか理解できません。

ところで、地球上の砂つぶの数がいくらあるかご存知でしょうか。地球の質量は、約60垓トンです。地球の質量の構成がすべて砂だった場合は、砂の方が星の数より多いことになります。しかし、砂は地球の極々表面にしか存在しないため、やはり星の数が地球上の砂つぶの数を圧倒するのです。

天の川銀河とアンドロメダ銀河が合体！

超巨大銀河ミルコメダが誕生する

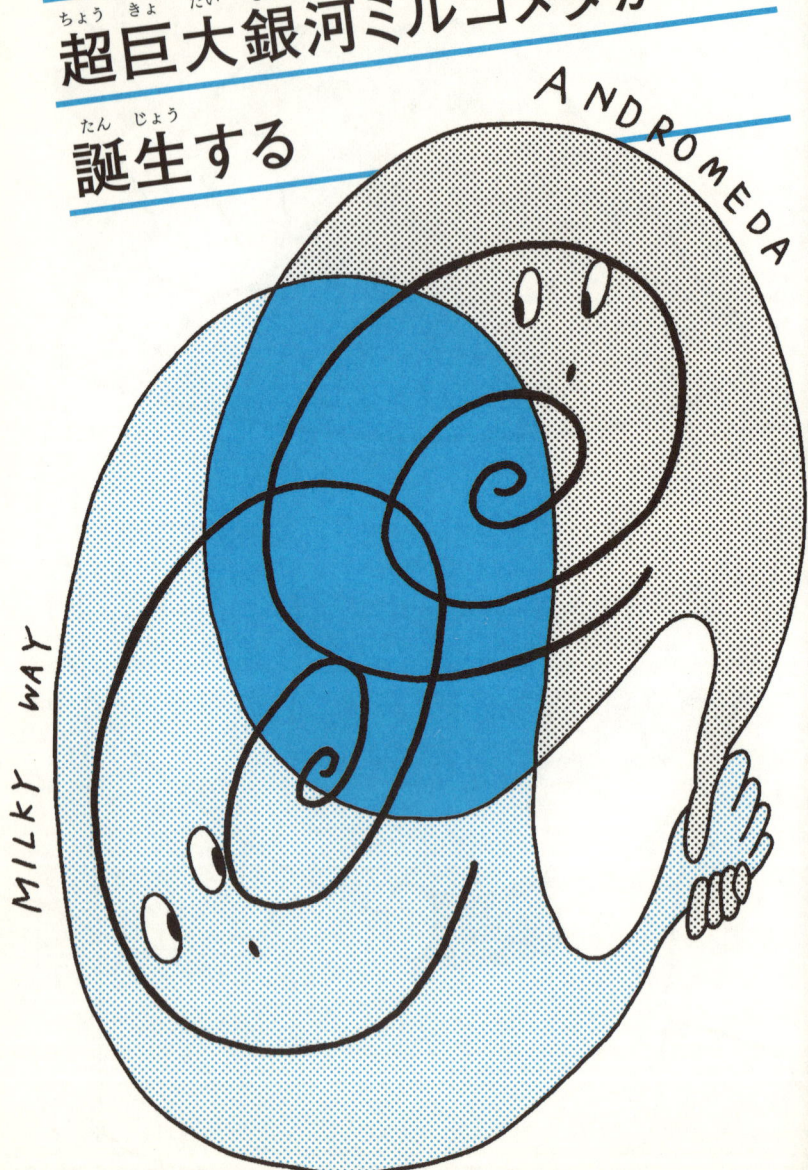

地球が属しているのは天の川銀河。そして地球から250万光年先に存在するのがアンドロメダ銀河です。アンドロメダ銀河は、我々が属している天の川銀河からもっとも近い銀河です。

現在、天の川銀河とアンドロメダ銀河は互いの重力によって引かれ合っており、時速約40万キロメートルという猛スピードで近づいています。 今はまだ、遠い距離にありますが、将来2つの銀河は衝突してしまう運命におかれています。その上、衝突するだけでなく、数十億年という時間をかけて合体することが予想されています。合体して完成する銀河は、2つの銀河の名前(天の川銀河＝ミルキーウェイとアンドロメダ銀河)を組み合わせて「ミルコメダ」と呼ぶ人もいます。**最終的に楕円の形をした1つの超巨大銀河が出来上がるのです。**

　しかしながら、その時がくるのは45億年後と遠い未来の話。45億年後にまだ地球が存在していたとしても、地球上に生命が存在していたとしても両銀河の合体が生命に及ぼす影響はほとんどないと考えられています。宇宙は想像以上に広く、星々は互いに遠く離れているため、銀河同士が衝突しても個々の星が直接衝突する可能性は極めて低いのです。ミルコメダの中で、太陽系の軌道が変わることはあるかもしれませんが、地球は依然として太陽の周りを公転し続けるのです。

気になるメモ

2つの銀河の中心にある大質量ブラックホールも、長い年月をかけて1つになると考えられている。

気になるメモ

人類にとっての朗報!

オゾン層が2060年までに

完全復活する

以前は完全回復が2075年という計算だったが、回復スピードが思ったより早かった模様。

オ ゾン層は上空10〜50キロメートルの成層圏にある薄い層。地球をすっぽりと覆い、地上の動植物を有害な紫外線から守ってくれています。しかし、人類がフロンという化学物質をエアコンや冷蔵庫の冷媒などに無計画に使っていたことで、1980年代、オゾン層に穴が空いていることが発見されました。フロンが成層圏まで上昇し太陽の紫外線で分解されると、塩素原子を放出し、オゾン分子を破壊してしまうのです。オゾンホールが広がり地表に有害な紫外線が降り注ぐと、皮膚ガンや動植物が減少するなどの影響が発生してしまいます。その後、フロンガスの代わりに、オゾンを破壊する心配のないハイドロフルオロカーボンなどを使うという世界的な取り決めが行われました。

2005年以降、NASAはオゾンホールの監視を続けています。そして観測の結果、穴の大きさが縮小していることが明らかとなり、2000年以降、オゾン層は10年毎に3%ずつ回復していることがわかりました。フロンの寿命は50

〜100年と長いため、すぐに大気中から消え去ることはありません。しかし、北半球および中位層オゾンは2030年までに完全回復。そこから2050年代には南半球、2060年には極地へと続き、再び地球を丸く覆うことになると推定されています。**人類が今後さらに行き過ぎた行為をしなければ、2060年ごろにはオゾン層が復活するのです。**この調子で他の環境問題も解決していきたいものですね。

ダークマターが測定の妨げだったが……
天の川銀河の総重量が
判明

天の川銀河の半径は5万2850光年と言われている。

「銀河系の重さを測る」そんな壮大な実験が、実は数十年前から行われていました。少し前までは大まかな値しか求められず、正確な値は不明でした。計測が困難であった理由は、銀河の90％を占めるダークマターにあります。ダークマターを再び説明しておくと、重さはある

ものの検出することのできない仮説上の物質。見えないものを正確に計測することはできないため、天の川銀河の質量も曖昧なままでした。

　しかし、ヨーロッパ南天天文台の研究チームは銀河の円盤部から遠く離れてその周囲を回る「球状星団」に着目することで計測に成功したのです。位置天文衛星「ガイア」がとらえた、6万5000光年彼方までの球状星団34個と、ハッブル宇宙望遠鏡がとらえた、13万光年まで遠方の球状星団12個の速度データから天の川銀河の質量を求めることにしました。銀河の質量が大きいほど、重力が大きくなるため星団の移動速度は速くなります。これまでの観測では、星団が地球から離れたり近づいたりする速度が得られるにとどまっていましたが、ヨーロッパ南天天文台の研究チームは星団の横方向への動きの計測に成功し、それらのデータを総合して得られた、より信頼度の高い速度から、その速度を生み出すのに必要な銀河の質量を計算したのです。

　測定の結果、**天の川銀河の総重量は太陽質量の1.5兆倍という値が求められました。**しかし、**天の川銀河を輝かせている太陽などの2000億個の恒星と銀河中心にある超大質量ブラックホールの質量は、銀河全質量のわずか数％にすぎません。**大部分を占めているのは、目に見えないダークマター。銀河のほとんどを構成するダークマターの正体がますます気になります。

地球9個がすっぽり収まる

土星の環はあと1億年で消失する

土星と聞いて頭に浮かぶのがあの大きな環。その大きな環は彗星や衛星の衝突によってできたと考えられており、地球が9個、すっぽりと収まってしまうほどの幅があります。しかし、最新の研究によると、**土星の環はどうやら残り1億年ほどでなくなってしまいそうなことが明らかになりました。**

NASAの研究チームが、今は亡き土星探査機「カッシーニ」の観測データを分析。その結果、主に水と氷でできている土星の環が土星の重力によって分解されつつあることが明らかとなったのです。環はあられのように土星全体に降り注いでいます。そして、そのあられは30分でオリンピック用のプールがいっぱいになるほどの量に相当することもわかっています。あられによって消失する分だけで、あと3億年で環が消滅する計算ですが、それに加えて環から土星の赤道に降り注ぐ物質を測定した結果、環に残された寿命は1億年に満たないことも判明しました。

1億年であればぜんぜん短くないと思いますが、**土星が**

誕生してから現在までが約40億年、その土星の年齢から考えると、1億年はかなりの短期間です。また、研究チームは土星の環が形成されてから、まだ1億年も経っていないとしており現在は「中年期」に当たるといいます。ということは、土星の環の寿命は40億年という長い時の中の2億年というわずかな期間のみ存在していることになります。40億年の土星の歴史の中のたった5％の瞬間に我々人類は立ち会えているのです。これから土星の環を見た際は、宇宙の奇跡を目の当たりにしているのだと実感できることでしょう。

地球からもっとも遠い宇宙を飛行する「ゴールデンレコード」の話

人類はこの広大な宇宙のどこまで到達しているのでしょうか。今回は、地球からもっとも遠い場所を現在進行形で飛行し続けている「ボイジャー」という無人探査機の話をしようと思います。

ボイジャー探査機には1号と2号があり、1号は1977年9月5日に、2号は同年の8月20日に打ち上げられました。1号の方が2号よりも後に打ち上げられているのは、本来同日に打ち上げる予定だった1号がシステム不良のため打ち上げを16日間延期したため。ボイジャー探査機は木星・土

星・天王星・海王星の鮮明な写真の撮影に成功し、新衛星などの発見に貢献しました。その後、宇宙の深淵へ戻ることのない旅に出ました。現在、ボイジャー2号は2018年11月5日に太陽圏を抜けて星間空間を飛行しています。ボイジャー1号も2012年に既に星間空間に出ています。

そして、我々のロマンを掻き立てるのが、ボイジャーが搭載している、ある「もの」です。**ボイジャー探査機は、「ゴールデンレコード」と呼ばれる地球外生命体へ向けたメッセージを積んでいるのです。**レコードには、波や風の音、動物の鳴き声などの地球上のさまざまな音や55の言語による挨拶も収録されています。また、日本の尺八の演奏音や当時のカーター米大統領による「われわれは、いつの日にか、銀河文明の一員となることを期待する」などの音声も収められています。

ボイジャー1号と2号は太陽風が届く太陽圏から外へと出ましたが、これは正確には太陽系から飛び出したことを意味しません。太陽系のもっとも外縁部には太陽の重力に影響を受けて漂う天体からなるオールトの雲があるとされます。両機はともに、最終的にはそこに到達するはずですが、オールトの雲の内縁に到達するのに約300年、外縁には約3万年がかかるだろうと、科学者らは推測しています。人類は太陽系を脱出するのにも相当な時間を必要とするのです。

気になるメモ

ゴールデンレコードは一般公開されており、インターネット上で誰でも聞くことができる。

人類の今の技術力では不可能だが……
夢の「ダイソンスフィア」

気になるメモ

ダイソンスフィアという名前は、アメリカの宇宙物理学者、フリーマン・ダイソンが提唱したことに由来する。

地球から最も近い位置の恒星といえば、「太陽」がそれにあたり、莫大なエネルギーを産み出す存在です。恒星としてはさほど大きくないとされる太陽であっても、原子力発電所の10京倍、1秒間に核爆弾の1兆倍というエネルギーを放出するといわれています。人類を含む地球上の生命が利用しているエネルギーは地熱や原子力などを除くと、元をたどればそのほとんどは地球に降り注ぐ太陽エネルギーに行きつきます。火力発電に使う化石燃料も、過去の太陽エネルギーの産物です。しかし、太陽は全方位にエネルギーを放射し続けており、地球に降り注ぐのはそのうちごくわずか。人類が利用できる量はさらにその一部なのです。

そんな**恒星から効率的にエネルギーを取得するために、恒星全体をぐるりと発電機で取り囲み、エネルギーを吸収してしまおうという仮説上の構造物**が「ダイソンスフィア」。ダイソンスフィアが実現すれば、本当に夢のような発電方式なのですが、**人類の現在の技術力ではまず不可能であり、絵空事のような話**です。しかし、広い宇宙のどこかには、人間を遥かに上回る技術力を身に着けた知的生命体が存在

し、ダイソンスフィアを実現させている可能性も。一時期、地球から1480光年先にある「KIC 8462852」という恒星で不規則な光の減光が確認され、ダイソンスフィアの存在が疑われたこともありました。結局は別の仮説により否定されましたが、星々が無限に存在する宇宙のどこかで、今後ダイソンスフィアが発見されるかもしれませんし、遠い未来に人類が開発していることもあるかもしれません。

DYSON SPHERE

存在自体がダークで未知

ダークマターと
ダークエネルギーが気になる

ダークマターにダークエネルギー、宇宙の話題によく登場する単語ですがそれが一体何なのか、いまいちよくわかりません。ダークマター（暗黒物質）は宇宙の所々に塊で存在し、見えないのに重力をもつ物質。一方、ダークエネルギーは宇宙全体に均等に分布していて、宇宙が膨張するスピードを速くする力をもっています。この2つが何と宇宙全体の95%を占めていることがわかっています。しかし、その正体はどちらもまだ不明で未知の存在なのです。

目には見えない重力をもつ何かの存在は80年以上も前から知られていました。銀河団の中の銀河たちの動きを観測すると、互いの重力だけでなく、他の重力の影響も受けているように見えたからです。**この重力を及ぼしている未知の物質をダークマターと呼ぶようになりました。**その後、ダークマターの重力の影響でその背後にある銀河がゆがんで見える現象「重力レンズ効果」が発見されました。また、この現象を多く見つけることで、ダークマターが宇宙

Zoom !!

にどのように分布しているのかと
いった、地図づくりも進められて
います。

　一方、ダークエネルギーの登場は比較的
最近の1998年。遠くの超新星が、これまでの理
論で予想される速度よりも速く遠ざかっていることが発
見され、このことから宇宙が膨張する速度がどんどん速く
なっていることがわかったのです。かつての宇宙論では、
宇宙全体の重力でブレーキがかかり、膨張は遅くなってい
くと思われていたため、重力に逆らって加速しながら宇宙
を押し広げるこの未知の力は、ダークエネルギーと名づけ
られました。宇宙の膨張スピードを観測することで、ダー
クエネルギーが時間とともに変化するのかなど、その性質
を探る試みがなされています。

絶対中に入れない「ホワイトホール」は宇宙にあるか?

光をも逃さずに全てを飲み込んでしまうブラックホール。反対に全てを吐き出す「ホワイトホール」がこの宇宙のどこかに存在しているかもしれないという話をします。事象としてのブラックホールの地平線が、光速でも逃れることの出来ない境界であるならば、事象としてのホワイトホールの地平線は何者であっても中に入ることの出来ない境界。ブラックホールから出ることはできませんが、ホワイトホールには逆に入ることができないのです。

現段階ではこの宇宙にホワイトホールは発見されておらず、仮説上の存在です。ホワイトホールには主に2つの仮説が議論されています。1つは、ホワイトホールが別次元のブラックホールとつながっているという仮説。一般的な物理学に基づくと、ブラックホールに吸い込まれてしまった物質や情報は、跡形もなく消滅してしまうと考えられていました。しかし、量子力学の観点では「情報は無くなりもしなければ作られることもない」はずであるため、情報は保存されていなければなりません。そこで矛盾が生じ、

吸い込まれたものがどこかで吐き出されているのではないかという仮説が浮かび上がってきたのです。もう一つの仮説はブラックホールの誕生に伴って出現したホワイトホールが我々の宇宙の誕生であったのではないかという仮説。つまりは、別の宇宙で吸収された物質がこの宇宙をつくりだしたのではないかということです。もしこの宇宙でホワイトホールが発見されれば、人類最大のニュースになることは間違いないでしょう。

月の地下にある異常な重力源
超巨大金属塊は宇宙基地?

気になるメモ

現在、月の裏側に探査機を着陸させたことがあるのは、中国のみ。

自転と公転の関係で、地球からは月の裏側を見ることはできません。そのため、昔から月の裏側には宇宙人の基地があるなどの信じられないようなオカルト話がささやかれてきました。しかし、科学技術が発展し、月の裏側の探査が進みつつある現代になって、宇宙人の基地があるという話もあながち否定できない発見がされました。

2019年6月、NASAが測定した月の重力分布をベイラー大学の研究チームが分析した結果、月のクレーターの地下深くに異常な重力源があることが明らかになったのです。詳細な分析を行った結果、研究チームはクレーターの地下に少なくとも2000兆トン以上もの質量をもつ超巨大な物体が存在する可能性が高いということを発表しました。発見された場所は、南極エイトケン盆地で月面の4分の1を占める超巨大クレーター。南極エイトケン盆地の重力異常からその重力源を推測したところ、地下およそ300キロメートルに、何百キロもの大きさの金属が埋まっている計算になったそうです。また、その質量は少なくとも2180兆トンあると見積もられています。これはハワイ島の5倍の大きさを持つ金属塊を地中に埋めたようなものです。

　研究チームによると、この巨大な金属塊の正体は月内部にあるマグマが結晶化して酸化したものか、または約40億年前に月へ衝突した小惑星の残骸の可能性があると言われています。残念ながら地球外生命体の基地ではなさそうですが、<u>これほどの大きさの金属塊が月の裏側に眠っているというだけでワクワクしてきます。</u>

過去へ行くのは無理だけど
未来へのタイムトラベル
はできるかも

タ イムマシーンに乗って、未来へ行き自分の将来を確かめたり、過去に行って暗い過去を消失できたりしたらどんなにいいことでしょう。現実は漫画の世界とは違うので、過去に行くことはできませんが、もしかしたら未来には行くことができるかもしれないという話をします。

　天才理論物理学者であるアルベルト・アインシュタインの特殊相対性理論によると、「すべての物質は光より速く移動することはできない。物質は光速に近づくと質量が増加し、時間の流れが遅くなる」とされています。未来へのタイムトラベルは実は意外と簡単なことで、速く動けば動くほど、移動している空間の時間の進み方が遅くなり、未来に行くことができるのです。新幹線で大阪から東京まで移動すると、そのスピードから計算するに極めて微量ながら、未来へとタイムトラベルしています。

新幹線に乗って東京から博多までの1200キロを移動すると、10億分の1秒だけ未来に行くことができる。

　一方、**時間をさかのぼる、過去に行く方法はまったく明らかになっていません。** 何十、何百年後には過去にも未来にも行くことのできるタイムマシーンが開発されているかもしれません。しかし、もしタイムマシーンが未来で開発されているなら、なぜ我々は未来人と会うことができないのでしょうか……。

ハワイにオーロラが現れた時、

電気に頼りすぎ

文明は

崩壊する

地　球上でオーロラが観測できる場所は、地磁気緯度にして65〜70度のドーナッツ状の地帯で「オーロラ帯」と呼ばれています。主な観測点としてアラスカやカナダ、北欧などの高緯度地域に多くあります。しかし、1859年にオーロラが低緯度地域であるハワイで観測されたことがあるのです。この時、世界中でオーロラが観測され、ロッキー山脈ではその明るさから鉱山夫が朝と勘違いして朝

食の支度を始めてしまうほどであったそうです。

　オーロラというものは、太陽から吹きつける高速のプラズマ粒子が地球の磁場とぶつかり磁気圏を乱す過程で発生します。**ハワイで観測されたということは、通常南極や北極付近でとどまっているはずのプラズマ粒子が、赤道付近までやってきたということで、大変な非常事態なのです。**

　赤道付近にまでオーロラが現れるほどのプラズマ粒子が地球に届いた場合、地球の大気に大きな影響が出る可能性があります。電気をつないでいないテレビなども空気中の電気で、電流が流れてしまうでしょう。焼けて煙が出る程度で済めばいいですが、ひどければ火を噴く、あるいは爆発するかもしれません。人工衛星などもかなり影響を受けるため、GPSは機能しなくなるでしょう。そのため、航空機もレーダーから消え、最悪の場合墜落してしまいます。その場合、人命に与える被害は計り知れないものになるため、大規模なフレアが確認された瞬間、全ての航空機を着陸させる必要があると推測されます。

　1859年にハワイでオーロラが観測されるほどのフレアが発生した時は、有線での電信を始めて間もない時代で、現代のように多くのことに電気を使っていなかったため、さほど影響はなかったそうです。**現代にこのクラスの太陽爆発が起きた場合、電気による我々の文明は崩壊し、2000年前の暮らしに戻ってしまうことになりかねません。**

気になるメモ

太陽フレアが発生してから、プラズマ粒子が地球に届くまで約2〜3日かかる。

片道切符だった、宇宙で死んだ犬の話 ③

　11月3日、打ち上げを目前にして、研究所の一職員が気密カプセル内の圧力を"故意に"変動させた。ヤツドフスキーらはコロリョフに対し、もう一度カプセルを開け、圧力調整をやり直させて欲しいと願い出た。下手すれば打ち上げ延期につながりかねない行為であったが、コロリョフは説得に押され、許可を出してしまった。ヤツドフスキーらの胸中には、別の企てがあった。ロケットの先端に上った彼ら。カプセルには普段はネジ止めされている小さなエアホールがあるのだが、そこを開けて欲しいとエンジニアに頼んだ。技術的な処置だろう、そう思ったエンジニアたちはそれをわずかに開ける。ところがヤツドフスキーらは、最後の水をライカに与えさせて欲しいと懇願を始めたのだ。ライカは3日前にカプセルに閉じこめられて以来、ゼリー餌しか口にしていなかった。"彼女"はもう、生きて帰ることはできない……、せめて一杯の水を最後に飲ませてやりたいというヤツドフスキーらの思いだったのだ。コロリョフにばれたら、物凄い剣幕で怒鳴られるのは明白、エンジニアはかなり戸惑ったことだろう。だが懇願に折れたのか、許可を出した。ヤツドフスキーは注射器に水を満たすと、その穴から餌のトレイめがけて水を注ぎ込んだという。穴は再び閉じられ、保護コーンが被せられた。

　11月3日午前4時28分（日本時間）、ライカは強烈な爆音と共に帰還予定のない宇宙の旅へと出発した。ロケットは、4基の鋼鉄製ペダルに吊り下げられている。推力を増すロケット。その力は瞬く間に重力を振り切り、ペダルが一斉に開いていく。ライカには最大5Gもの重力がかかっていた。脈拍は通常の3倍近くの260にまでさしかかる。もちろん、これは全て想定内の出来事だった。全てのプロセスは問題

なく進み、間もなく軌道投入成功が確認された。

「生きています!　成功です!!」

　ついに、生物が生きた状態で宇宙飛行を開始した!　世界は再びソ連へ、そして宇宙へ釘付けとなった。

　ここから先は「1600km上空で1週間のミッションを完了したライカは、計画通りミッションの最後に毒を混ぜた餌を食べて安楽死した」ことになっている。そして45年間そのように信じられていた。しかし、現実は全く違ったものだったのである。真実は次の通りだ。

　地球を1周した際にはライカの生体反応が確認されていた。全ての数値は通常値を示しており、長時間の微小重力環境でも生物が問題なく生存できることを証明していた。カプセル内の酸素は充分で、気密が漏れていないことも確認された。関係者は誰もが、このまま正常に飛行するものと思っていた。

　問題が起きたのは地球を3周した頃だった。カプセル内の温度が跳ね上がり、40度に達していたのだ。センサーの値から、パニックになったライカが激しく動いていることが読み取れた。しかし、トラブルが起こっているのは宇宙なのである。地上の人間にはどうすることもできない、宇宙で暑さにもがき苦しむライカをただ見殺しにすることしかできなかった。

　1時間半後、スプートニク2号から送信されたデータにもうライカの生体反応は示されてなかった。ライカは力尽きていた。打ち上げから僅か5,6時間のことであった。

　それから5か月後。1958年4月14日、米国東岸からカリブ海にかけて、一筋の流星が目撃された。それは夜空に光るどの星よりも美しく輝き、儚く消え去った。ライカとスプートニク2号の最期である。

無限の宇宙にいるかもしれない
「生命」の話

地球生命の種は本当に宇宙から降ってきた

のでしょうか。とはいえ

いつか会いたい地球外生命の話

生命活動はいつの時代も変わらない
4.2万年凍っていた虫が
生き返った!

広大な宇宙にはさまざまな生命がいることでしょう。私たちの住む地球にも常識を超えるような生命が存在しています。ロシア・モスクワ大学とアメリカ・プリンストン大学などによる研究チームが、北極圏の年代と場所の異なる凍土サンプルを300以上採取し、モスクワの研究所で調査しました。その結果、ロシア北東部の一画で採取されたサンプルに2つの属の線虫を発見。この線虫を培養液を入れたペトリ皿に入れて、20度ほどの気温で数週間放置して観察したところ、徐々に生命活動を再開し始めたのです。2匹の線虫のうち、1匹は約3万2000年前に生息していた個体で、もう1匹は4万1700年前の個体でした。いずれもメスであるとみられています。約3～4万年ぶりに目を覚ましただけで驚くべきことですが、2匹とも餌を食べるなど元どおりの活動を行っていました。

気候変動が起こる地球では永久凍土の溶解が進んでいるといわれています。今後これらの線虫と同じように、永久凍土に眠る古代の生き物たちが現代によみがえることにな

数万年もの間DNAの酸化を防ぐことのできる線虫のメカニズムを研究すれば、人や動物の冷凍保存技術が発達するかも。

るかもしれません。2014年3月には、英国南極研究所の研究チームが、**南極のシグニー島の永久凍土に埋もれていたコケ植物を再生させることに成功しました。** このコケ植物は1533年前〜1697年前のものと推定されています。もし、永久凍土に眠っていた太古の時代の病原菌が解き放たれるようなことがあれば、人類を含む地球の生物に大きな影響があるかもしれません。

過酷な環境の地下世界に
巨大な生物圏が存在する

地球の地下深く、深く潜れば潜るほど温度や圧力が上昇し、そこで生命が生息できるとはとても思えません。しかし、地球の地下深くに、地表とは別の微生物たちによる巨大な生物圏があることが発見されました。

世界52カ国1000名以上の研究者で構成されるグローバルコミュニティ「深部炭素観測所（DCO）」による研究チームでは、「地底にどれほどの生命が存在するのか」という疑問のもと、10年間にわたって調査を行いました。その結果、地下生物圏の大きさは、地球の海のおよそ2倍にあたる20億立方キロメートル～23億立方キロメートルで、炭素重量で換算すると150億トン～230億トンにのぼることがわかりました。これは炭素換算量にして、地上にいる75億の人間の年間炭素量の約9倍に等しい生命体が、沸騰した湯よりも高温で厳しい気圧のもとに暮らしていることになります。光が一切届かず、エネルギーを得るには厳しい状況であるにも関わらず、地中の生態系は独自の進化を遂げ、数百万年にもわたり続いていたのです。つまり、火星のような過酷な岩石惑星であっても、地下深くにはたくさんの微生物が繁栄している可能性があるのです。

気になるメモ

最も高温で生息できる単細胞生物は深海の熱水噴出孔に住む古細菌のStrain 116で、122℃でも成長や繁殖が可能。

国際機関が定めた
宇宙人と遭遇した時の
マニュアルが存在する

地球以外の星に生命がいるかという議論に関しては、私は間違いなくいると考えています。宇宙には、地球と同じように環境や生命が誕生できる条件を満たしている星がいくつもあるからです。少なくとも、微生物ほどの生命が発見されるのは時間の問題で、今後10～20年では必ず見つかることになると思います。しかし、高度に発達した地球外知的生命体に関しては、話が違います。知的生命体というのは、人類のように科学技術を手にして文明をつかさどる存在。数々の壁をくぐり抜けなければたどり着くことのできない領域です。しかし、もし仮に宇宙人がいて接触してしまうようなことがあった場合、どうすればいいのでしょうか。

例えば、**地球外知的生命体からのメッセージを受信するようなことがあった時、迂闊に返信してはいけないという取り決めがあります。**国際宇宙航行アカデミー地球外知的生命探査常任委員会という地球外生命を探すことを目的とした国際機関が、「シグナルが検出され、それが本物である

ことが確認された場合、国際的に情報を共有し、合意が形成されるまでは返信してはいけない」と取り決めています。また、国連が取り決めた**宇宙条約では宇宙人に遭遇した場合、当事国又は国際連合事務総長に報告しなくてはならない**としています。ちなみに日本であれば、国立天文台に連絡することになっています。皆さんも、万が一宇宙人を発見した時には自分だけの秘密にしないでくださいね。

気になるメモ

宇宙人に遭遇できないのは
地球が宇宙人が監視する
動物園だから!?

この論理はタイムトラベルが可能なら、何故未来からの旅行者が存在しないのかという主張に対する反論としても使うことができる。

宇宙には4000垓個以上の星がある中で、何故宇宙人が見つからないのでしょうか。頭が痛くなるくらい広いこの宇宙に、地球人だけという状況は考えられません。宇宙人に接触することができないのは、もしかすると彼らが意図的に存在を隠しているからなのかも。

1973年にアメリカ・ハーバード大学の研究者が発表した「The Zoo Hypothesis(＝動物園仮説)」という論文によって、ある考えが定着しました。それは宇宙人から見ると地球は、動物園のような観察対象に過ぎないというものです。例えば、私たち人類はアリと地球の自然環境改善に関しての対話をしようと思うでしょうか？　答えはもちろん「No」です。ヒトとアリでは、知能に差があり過ぎて対話など絶対にできません。そして、宇宙人とヒトの間にもそれほどの知能の差があるとしたら……。宇宙人は地球人の存在を既に知っているが、干渉しないために自分たちの存在を隠して観察を続けているのかもしれないのです。もしくは、高度に発達した宇宙人たちによる決まりによって、地球が保護区に指定されている可能性もあります。地球の歴史は46億年ととても古いものですが、人類が本格的に宇宙人を探し始めてからまだ100年ほどしか経っていません。そう考えると、宇宙人を発見するにはもう少し辛抱強く観測を続ける必要があるのかもしれません。

宇宙人からのメッセージ？

高速電波バーストの謎

宇宙からのシグナルをキャッチしようと、世界中では常に電波望遠鏡による観測が続けられています。何億光年も離れた星に住む知的生命体からのメッセージが届くかもしれないという淡い期待を胸に電波を拾い続けている天文学者もいます。宇宙人からのメッセージなどくる

はずがないと思うでしょうが、実はこれまでも人類は謎の電波を何度もキャッチしています。

宇宙のある方向から突発的に電波が放射される「高速電波バースト」と呼ばれる現象があります。継続時間はわずか数ミリ秒で、全天のあらゆる方角で発生します。 太陽が80年かけて放出する莫大なエネルギーと同じ量が、一度の高速電波バーストで確認されてもいます。この原因のわからない得体の知れない現象は、中性子星によるものという説や宇宙人からのメッセージという説までさまざまな仮説が立てられています。初めに話題となったのは10年ほど前のことで、宇宙から検出された電波と信じない人が大勢いました。しかし、2016年にプエルトリコのアレシボ天文台で観測を行っていた天文学者チームが、**FRB 121102という電波バーストが繰り返し電波を放射していることを発見したのです。** 他の電波バーストとは異なり、FRB 121102の電波バーストは未だ終息しておらず、科学者たちは2017年に、それが約30億光年の彼方にある矮小銀河から来ていることを突き止めました。発生源がわかれば高速電波バーストの起源に迫ることのできる可能性も高まります。現状、もっとも有力な説は非常に強い磁場をもっている生まれたばかりの中性子星によるものとする考えです。ですが、起源が一つではない可能性も大いにあり、はたまた宇宙人からの何らかの信号である可能性もゼロではありません。

気になるメモ

矮小銀河とは、数十億個以下の恒星からなる小さな銀河のこと。

2023年以降、ニュースになるはず

エウロパの海には生命体がいる!?

地球外で生命体が発見されるのはいつなのか。それは太陽系のある星の探査に成功した時でしょう。そのある星というのは、木星の第2衛星「エウロパ」。ここにいなければ、地球外生命の発見は絶望的と言えるほど生命の存在が期待されている星です。**エウロパは月よりも少し小さいサイズのぶ厚い氷に覆われた星。しかし、厚い氷の下には液体の水からなる海があります。**

宇宙生物学の世界では、生命が誕生するには「3つの条件」を満たしている必要があると言われています。「1.有機物の存在、2.有機物を反応させる場となる液体の存在、3.生命活動維持のためのエネルギー源の存在」。この3つの条件が揃っている星には、生命が誕生する可能性が高いと考えられています。太古の地球もこの3つの条件が満たされていました。そして、このエウロパもこの3つの条件を満たしているのです。エウロパは氷に覆われていますが、割れ目のような隙間がいくつかあり、そこから液体が吹き出ています。その液体を調査したところ、海と有機物の存在

チューブワームとは、深海の熱水噴出孔に生息する生物。口や消化管、肛門などを持たない不思議な生き物。

が確認されました。また、海底火山があることもほぼ確実とみられています。エウロパの海底火山には熱水噴出孔があり、チューブワームのような生態をもった生物が暮らしているかもしれません。

　そして、気になるこの<u>エウロパへの探査計画は着々と進められています</u>。NASAは、2023年以降に「エウロパ・クリッパー」と名付けたミッションを掲げています。このミッションはエウロパに探査機を送り込み、この衛星の気候下で生命の維持が可能であるか、居住、植民が可能であるかどうかを調査するというもの。エウロパで生命発見のニュースが流れる日が待ち遠しいですね。

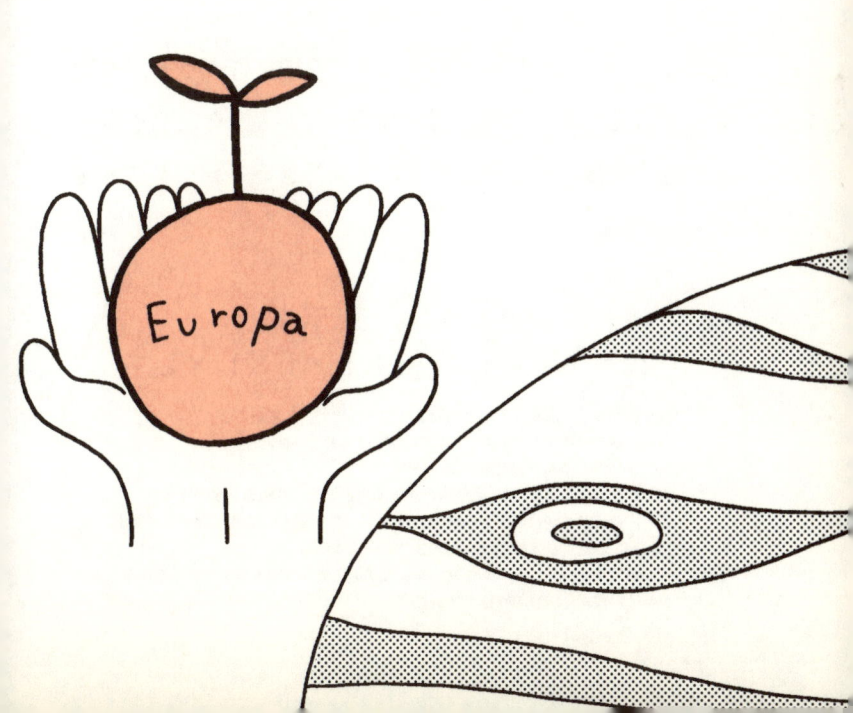

宇宙文明がいくつ存在するか計算できる

「ドレイク方程式」

にしびれる

地球以外に文明はあるのでしょうか？　宇宙人に会うことはできるのでしょうか？　人類は遠い昔からこの大きな疑問を抱いてきました。宇宙人と言われると、オカルトや都市伝説的な存在と考えてしまう人は少なくありません。そんな中、オカルトではなく科学的に宇宙人の謎に挑んだ、アメリカの天文学者フランク・ドレイクを紹介します。彼は、様々な条件をもつ7項目による方程式を考えることで我々の住む銀河系の中に、高度な文明をもった知的生命体の数を推定することのできる「ドレイク方程式」を提唱したのです。

「ドレイク方程式」

$$N = N^* \times f_p \times n_e \times f_l \times f_i \times f_c \times L$$

N：われわれの銀河系の中に存在する知的生物がいる惑星の数

N*：人類がいる銀河系の中で1年間に誕生する星（恒星）の数

f_p：ひとつの恒星が惑星系を持つ確率

n_e：ひとつの恒星系が持つ、生命の存在が可能となる状態の惑星の平均数

f_l：生命の存在が可能となる状態の惑星において、生命が実際に発生する確率

f_i：発生した生命が知的なレベルまで進化する確率

f_c：知的なレベルになった生命体が星間通信できる文明を発見できる確率

L：その技術（文明）を維持できる期間

　これが我々の住む銀河系の中で、接触することが可能な地球外知的生命体の数を導く「ドレイク方程式」です。要は、7回掛け算をすることで宇宙人の数を推測するという単純な方程式。ドレイクが1961年に入力した値は次のようになります。

「N＝10×0.5×2×1×0.01×0.01×10,000＝10」

　つまり、**我々の銀河には10の文明を持つ星が存在していることが導き出される**のです。さらには、この宇宙に2兆もの銀河があると推測されています。この数字を知ってしまうと、宇宙人がいないとはとても言えないでしょう。

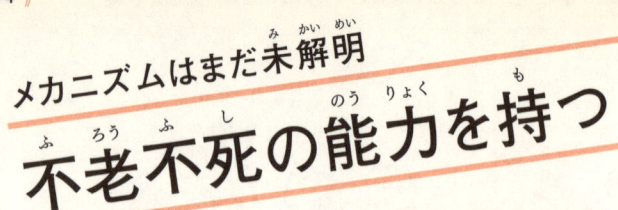

メカニズムはまだ未解明

不老不死の能力を持つ

クラゲ

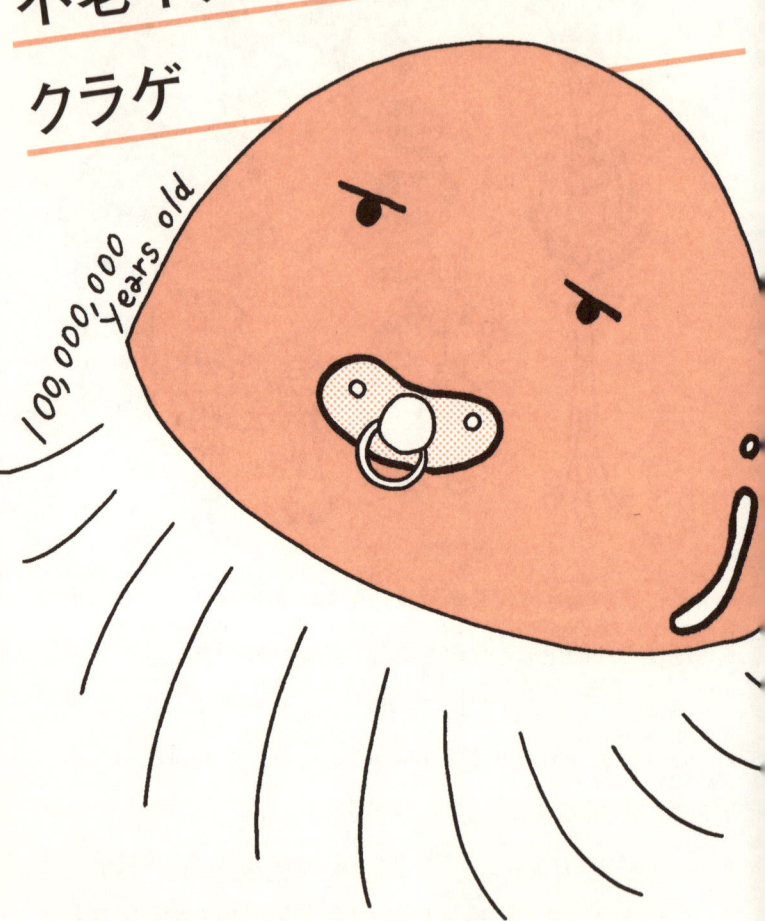

100,000,000 Years old

ベニクラゲにはさまざまな種がいますが、主流なのは赤い消化器官が透けて見えるもので日本にも生息している。

人　間の永遠の願いといえば「不老不死」。現在も世界中の科学者が不老不死の研究を続けています。

しかし、この地球生物の中にすでに「不老不死」の能力を

備えている生物が存在しています。ベニクラゲと呼ばれる体長数ミリのクラゲが、その力をもっている生物。通常のクラゲは、植物のような形状のポリプから水中を浮遊する形に成長し、命を落とすと溶けてしまいます。しかし、ベニクラゲは命の危機に陥ると団子状になり、細胞が変化。新たにポリプを伸ばし、若い身体に生まれ変わることができるのです。さらに、**生き返り能力の回数に限りはありません。そのためベニクラゲは、他の生物に捕食されるなどの異常事態が起こらない限り、実質永遠に生きることができる**のです。

　ベニクラゲがなぜ若返ることができるのか、そのメカニズムはまだ解明されていません。この仕組みが明らかになれば、人間の不老不死も夢ではないかもしれません。人間が永遠の命を手にしたなら、宇宙探査の幅も広がるでしょう。SF映画のように、何光年先の系外惑星へ有人探査に行くことも可能かもしれないのです。しかし、デメリットもあります。移住することのできる星を見つけない限り、地球に人間が溢れかえってしまいます。環境破壊も進み、食料不足に陥るでしょう。その後、食料やエネルギー資源をめぐる争いが巻き起こるのは目に見えています。とはいえ、不老不死の力がない現在であっても地球上で人口爆発は発生しています。いずれ火星や系外惑星への移住準備が必要になるはずです。

月面で何千匹も生き続けている可能性あり
月に放出された「クマムシ」

地球には「クマムシ」と呼ばれる最強生物が存在しています。この生き物は、体長0.05ミリから1.2ミリの小さな体であるものの、自ら体内の水分を放出して休眠状態になることで、摂氏マイナス200度〜摂氏149度までの環境で生き延びることができます。さらには、大量の放射線や高圧、真空環境などの極限環境でも生存可能な地球一タフな生物です。

このクマムシが月面上にばらまかれました。2019年4月、イスラエルの民間宇宙団体「SpaceIL」と民間企業「イスラエル・エアロスペース・インダストリーズ」が開発した月探査機『ベレシート』が月面着陸に挑戦しました。ベレシートにはタイムカプセルが搭載されており、地球に関する3000万ページ分の情報を記録したディスクや、人間のDNAサンプルなどがそこに入れられていました。さらに、休眠状態にさせられた数千匹のクマムシも一緒に入れられたのです。2019年2月に打ち上げ、2ヶ月後の4月に月への着陸を行ったのですが、結果はまさかの失敗。最強生物をのせたベレシートは月面に墜落してしまいました。探査機は粉砕したそうですが、タイムカプセルは無事で休眠状態のクマ

ムシが月面にばらまかれてしまったのです。休眠状態のクマムシを復活させるためには、水をかける必要があります。休眠状態のまま10年が経過したクマムシに、再び水をかけて活動させる実験も成功しているので、10年以内に人類が月に行くことができればクマムシを助けることができるかもしれません。月には氷があるため、何らかの偶然が重なってクマムシが活動を再開して月を支配することも……いや、流石にそれはないでしょうが、夜空に見える月に地球の生物がいると思うとロマンがありますね。

人類の祖先は宇宙人？

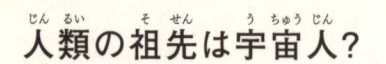

地球生命の種は

宇宙から

降ってきた？

地球生命の起源は、海の中で生命が誕生したという「地球起源説」が最も有力な説です。しかし、他にも「パンスペルミア説」と呼ばれる説があります。地球生命の源が、隕石に乗って宇宙からやってきたという考えです。非常に夢のある仮説ですが、にわかには信じがたく証拠も少なかったことから、1世紀もの間、単なる推測にすぎないと見られていました。ですが、21世紀になって、証拠がいくつか集まり始めたのです。

　隕石に乗って地球にやってくるには、長い宇宙の旅を要します。その長い間、宇宙空間で生き続けなくてはなりません。芽胞と呼ばれる、一部の細菌が形づくる極めて耐久性の高い細胞構造であれば、宇宙船で守られている限り、宇宙でも生存できることがわかっています。隕石の中に芽胞を入れ実験した結果、他の惑星で活動できるレベルまで増殖することが確認されました。また、地球に突入する際に生命は大気圏突入の壁を乗り越えなくてはなりません。突入の際には、温度が摂氏300度をも上回ります。しかし、何度かの実験を行なった結果、隕石に守られた微生物が突入プロセスを生き残り、成長を開始できることも確認されました。すなわち、生命の源が宇宙から飛来することは可能だということになります。宇宙に地球に似た星があるならば、そこにも生命の種がまかれていて星の間に家族や兄弟関係があれば、面白いですね。

気になるメモ

大気圏突入時の熱は空気との摩擦熱と勘違いされがちですが、空気の断熱圧縮（空気入れが熱くなる現象）によるもの。

地磁気を感じる力

人間に「第六感」があった!

気になるメモ

地磁気を感じる能力は渡り鳥のほかサケやミツバチなど多くの動物が持っている。

人間の感覚は視覚、聴覚、触覚、味覚、嗅覚の五感でその他はないと長い間考えられていました。しかし、2019年3月19日に東京大学と米カリフォルニア工科大学などの共同研究チームが人間に「第六感」があることを示す研究論文を発表したのです。

地球は北極がS極、南極がN極の巨大な磁石で、位置に応じて方向が異なる地磁気を帯びています。渡り鳥は地磁気を感じる能力をコンパスのように使って方位を正確に把握し、季節に合わせて移動しています。同じように人間も地球の磁気を感じ取れる能力を持っていることが発見されました。研究チームは、2メートル四方の電磁波を遮断する部屋の中に地球とほぼ同じ磁気を発生させました。装置の中に、様々な国籍の18歳〜68歳の男性24人、女性12人の被験者に入ってもらい、頭部表面の64箇所の脳波を計測したのです。その結果、被験者によって、磁気の反応には違いが見られましたが地磁気の方向を変えると脳波が変化することが発見され、人間も地磁気を感じることができると結論付けられました。こうして人間に未知の第六感が存在することが確認されましたが、この感覚を意識的に利

用することは非常に難しいと考えられています。とはいえ、まだまだ人間にも思わぬ力が潜んでいるのかもしれません。更なる研究が楽しみですね。

NASAが緊急会見！

「トラピスト1惑星系」

に知的生命体？

②017年2月23日に、NASAが緊急会見で重大発表を行いました。その内容は、地球から39光年の距離にある赤色矮星「TRAPPIST-1」で7つの惑星が発見され、そのうちの3つは水が液体で存在できるハビタブルゾーンに属していたというもの。太陽系のすぐ近くでこうした惑星系が見つかったということは、地球型惑星の数がこれまで考えられていたよりもはるかに多いことが考えられます。

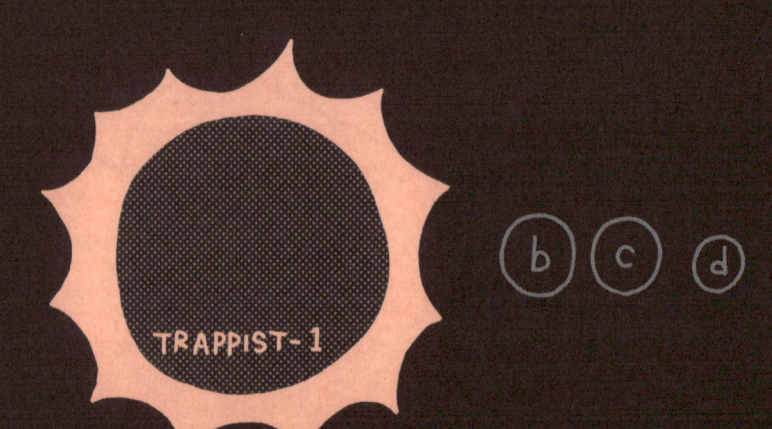

TRAPPIST-1

ⓑ ⓒ ⓓ

そしてトラピスト1惑星系の7つの惑星にはそれぞれbからhの名前が付けられています。このうち「e・f・g」の3つがハビタブルゾーンに属する星。この3つの星は、すべて地球とほぼ同じ大きさで質量は地球よりも軽い星となっています。「e」は大きさや密度、中心星から受ける放射量などの点で地球に最も似ています。7つの中で唯一、地球よりもわずかに密度が高いことが研究者の注目を集めており、中心に地球の核よりも密度の大きな鉄の核の存在が示唆されています。一方でeには薄い大気しかないとも考えられています。もしトラピスト1惑星系のハビタブルゾーンに属する3つの惑星全てに、知的生命体が繁栄していたとしたら、3つの星の間で交流が行われているかもしれません。もしかすると、宇宙戦争が勃発している可能性も。現在において、その可能性は少なそうですが、今後の観測によっては新たな情報が発見されるかもしれません。

気になるメモ

赤色矮星は恒星の中でも小さいサイズのグループ。

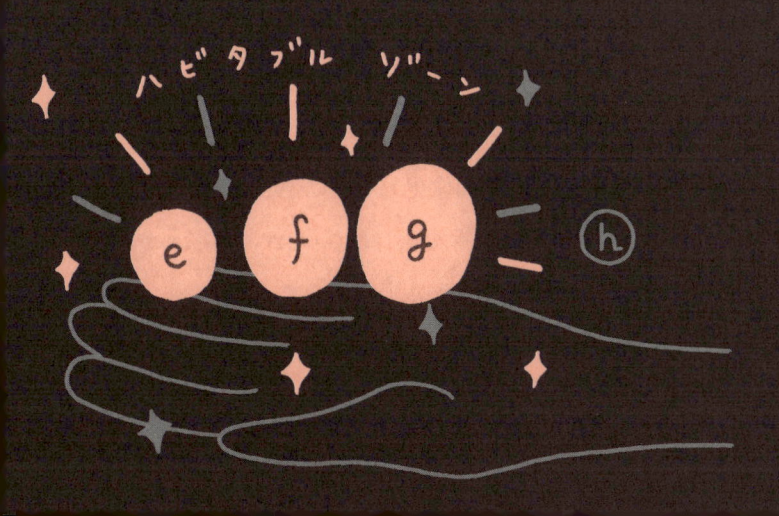

火星に地底湖が発見される

塩水は、凝固点降下が起こるため真水よりも凝固点が低くなる。

2018年7月25日、<u>火星で「液体の水」が存在する巨大な地底湖が発見されました。</u>これまでにも火星に水の痕跡があったことはわかっていましたが、何十億年も前に消失したと考えられてきました。火星の地表に断続的に液体の水が流れていたとみられる痕跡も見つかっていましたが、現在の火星に水の存在を示す証拠が見つかったのはこの時が初めて。そのため、発見がわかった時は世界中の宇宙好きが歓喜しました。私もその一人です。

　湖の存在の証拠は、ESA(欧州宇宙機関)の探査機「マーズ・エクスプレス」に搭載されていた地下探査レーダー「MARSIS」が収集しました。火星の南極氷冠付近で地表や氷冠を通過するレーダー波を照射し、反射波の動きを測定したのです。こうして得られた29組のレーダーサンプルから、表面下およそ1.6キロメートルの位置にみられた信号の大きな変化を図像化したところ、湖があることがわかりました。この湖の幅は約20キロメートルで、グリーンランドや地球の南極の氷床下にある湖と非常に似通っていたようです。

　では、この湖に生物は存在しているのか。摂氏マイナ

ス68度にまで下がる火星の極地では、液体の水が存在することは考えられません。この地底湖に水が液体状態で存在するならば、おそらくは塩分を大量に含む塩水であると考えられます。地球では、塩分濃度の高い海や湖では生物が少ない傾向にあります。しかし、**食塩が好きな変わり者のバクテリアも存在しているため、直接火星の地底湖を調べない限り、疑問が解けることはありません。**きっとこの火星の地底湖には生物がいるはずと私は思っています。

いわば「奇跡の星」
多様な生命が繁栄している
星がある

気になるメモ

地球をりんごの大きさに例えると、地球を取り巻いている大気はりんごの皮の厚さほど。

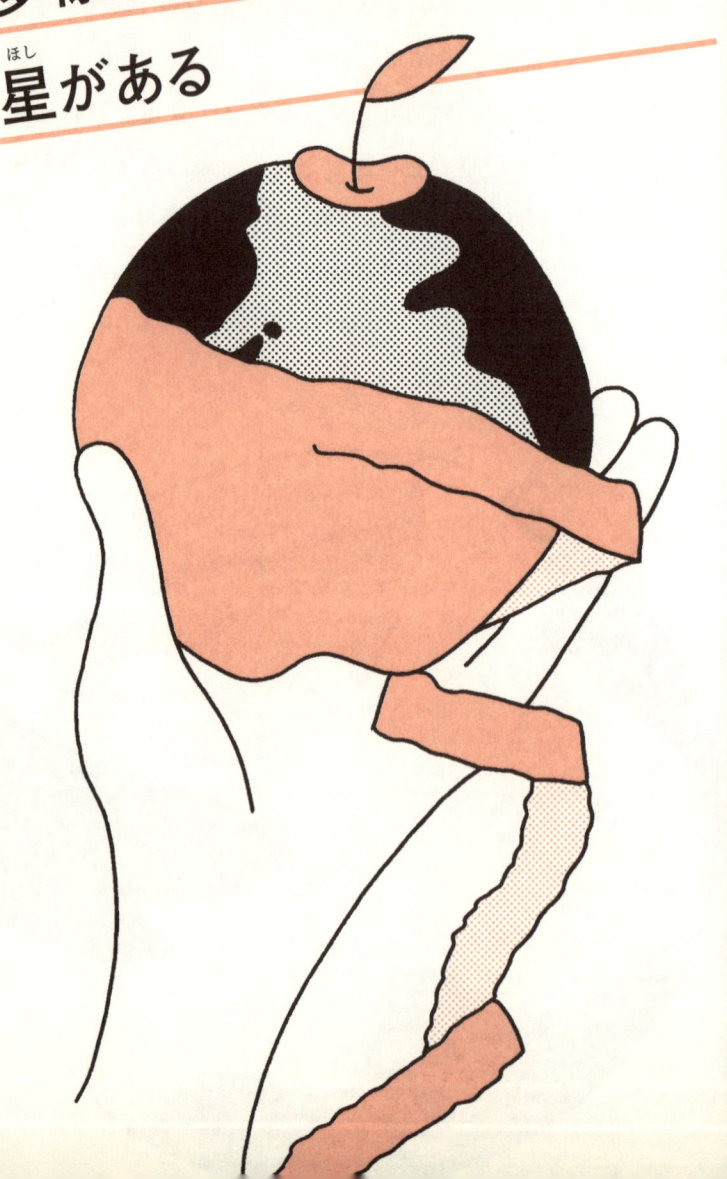

　本書ではこれまでたくさんの天体や宇宙現象を紹介してきましたが、もう一つ重要な星を紹介し忘れていました。**太陽系第三惑星「地球」という惑星**です。

　地球は水が液体で存在できる領域であるハビタブルゾーンに属しています。そのため、地表の約75%を占める広大な海と、水状態の雨や川までもが存在する「水の惑星」です。そして、ご存知のとおり地球のこの豊かな環境には多種多様な生命が繁栄しています。生命が存在する星は宇宙においては、大変珍しいものです。**陸と海合わせて870万種以上の生物が存在し、高度な文明を持つ知的生命体が食物連鎖の頂点に君臨しています。**

　地球の1日は24時間で、これは地球が一回転するのに要する時間です。この24時間というスピードも絶妙であり、速すぎた場合には大気が大荒れし、地上では強風が吹き荒れることになりますし、自転がゆっくりすぎると、太陽熱を長く受け続けることになり、温室効果が異常に高まってしまいます。また大きさもちょうど良いサイズで、この大きさで適度な質量があることで、大気中の物質を宇宙に流出してしまう事態が避けられてもいます。

　このように、地球という星は前述以外にも、たくさんの奇跡が重なったことで出来上がった惑星です。現在、**地球では環境破壊が進んでいますが、この壁も乗り越えて永遠に存在し続けてほしいと私は思っています。**

REFERENCES

「やべー」宇宙の話をもっと深く知るために、
参考になる WEB ページや論文などをまとめました。

CHAPTER 1

ブラックホールに落ちると人も星もスパゲッティに
- https://go.nasa.gov/2WzrHCV
- http://exci.to/321z9HJ

宇宙の余命は少なくとも1400億年以上
- https://www.cfca.nao.ac.jp/pr/20180926
- https://bit.ly/2PBuHx6

都市を吹き飛ばすほどの小惑星が地球の近くを通過
- https://go.nasa.gov/2Pze4SA
- https://bit.ly/2Nsm317

光とほぼ同じ速度で回転するブラックホール
- https://go.nasa.gov/2MYXycX
- https://bit.ly/2BZqn2v

起きたらやばい地磁気逆転
- https://bit.ly/2JDPBrs

地球は巨大化した太陽に飲み込まれる運命にある
- http://astro.sci.yamaguchi-u.ac.jp/kenta/engulf/EngulfedEarth.pdf

地球の金星化
- http://www.isas.ac.jp/j/forefront/2007/imamura/
- https://www.afpbb.com/articles/-/2318648

小惑星爆破しても復活する
- https://bit.ly/2JvHD3w
- https://www.cnn.co.jp/fringe/35133916.html

ガンマ線バースト
- https://go.nasa.gov/321bass
- https://bit.ly/2N3VmAL

スーパーフレア
- http://www.kyoto-u.ac.jp/static/ja/news_data/h/h1/news6/2012/120517_1.htm

超新星爆発
- https://nkbp.jp/34bQj7c
- https://bit.ly/2N4TiZy

国際宇宙ステーションに穴
- https://cnet.co/2WnR6z2
- https://bit.ly/2N2fOlE

金星には硫酸の雨が降っている
- https://bit.ly/2qfzObl
- https://mainichigahakken.net/hobby/article/post-389.php

CHAPTER 2

光を99%吸収する真っ暗な星
- https://go.nasa.gov/36nFiBD
- https://natgeo.nikkeibp.co.jp/nng/article/news/14/4723/

天王星はめちゃくちゃ臭い
- https://www.gemini.edu/node/21050
- https://forbesjapan.com/articles/detail/20891

ガラスの雨が降り注ぐ星
- https://go.nasa.gov/2puwYPS
- https://www.afpbb.com/articles/-/2955451

灼熱と極寒を併せ持つ星
- https://go.nasa.gov/2Nxn3Ro
- http://www.exoplanetkyoto.org/2018/01/29/corot-7b/

真の水の惑星
- https://exoplanets.nasa.gov/resources/304/gj1214b/

角砂糖一つ分で1億トンの重さの天体
- https://go.nasa.gov/34h77JY
- https://www.kids.isas.jaxa.jp/zukan/space/neutron.html

宇宙を孤独に彷徨う浮遊惑星
- http://www.stelab.nagoya-u.ac.jp/jpn/topics/2011/05/2011-05-17.html
- https://www.cnn.co.jp/fringe/35123750.html

人類の移住先に最もふさわしい星
- https://bit.ly/36hA8qH
- https://nkbp.jp/2PLyQi7

土星の衛星「タイタン」には油の川や湖が
- https://go.nasa.gov/2PCCjiG
- https://natgeo.nikkeibp.co.jp/atcl/news/17/011600013/

一年がたった7分、高速で公転する連星
- https://www.nature.com/articles/s41586-019-1403-0
- https://news.nicovideo.jp/watch/nw5706216

木星は地球を守り続けている
- https://www.gizmodo.jp/2016/05/post_664607.html

あるはずのない領域に禁断の惑星
- https://warwick.ac.uk/newsandevents/pressreleases/the_forbidden_planet
- https://www.cnn.co.jp/fringe/35137744.html

死んだ恒星を周回し続けている星が発見される
- https://science.sciencemag.org/content/364/6435/66
- https://sorae.info/030201/2019_8_7_dead_planets.html

大量に星を産むモンスター銀河が発見される
- http://cosmos.phys.sci.ehime-u.ac.jp/Cosmos/PR080711/
- https://bit.ly/32ZehCu

ダイヤモンドでできた星
- https://news.yale.edu/2012/10/11/nearby-super-earth-likely-diamond-planet
- https://natgeo.nikkeibp.co.jp/nng/article/news/14/6893/

フュージョン!! 寿命を終えた星が合体して復活した
- https://www.uni-bonn.de/news/119-2019
- https://sorae.info/030201/2019_7_18_zombie.html

発泡スチロール並みにスッカスカな星
- https://go.nasa.gov/2JDoQDC
- https://bit.ly/2WuQx6I

CHAPTER 3

私たちは超新星爆発の残骸であるということ
- https://go.nasa.gov/2BXhyWW

太陽系一高い山はエベレストでは到底かなわない
- https://go.nasa.gov/2q6ilSX

太陽に最も近い「水星」
- https://go.nasa.gov/2C10UWv
- https://www.afpbb.com/articles/-/2914078

ブラックホールは蒸発して消える
- https://www.nature.com/articles/nphys3863

太陽系は魔貫光殺砲のように移動している
- https://natgeo.nikkeibp.co.jp/nng/article/news/14/6038/

全宇宙には地球上の砂つぶよりも多い星々がある
- https://go.nasa.gov/2JEgqfk
- https://www.cnn.co.jp/fringe/35090534.html

ミルコメダ
- https://go.nasa.gov/2PEvVaH
- https://natgeo.nikkeibp.co.jp/atcl/news/19/021300100/

オゾン層が2060年までには復活する
- https://go.nasa.gov/2N1vs0u
- http://karapaia.com/archives/52252000.html

天の川銀河の総質量が判明
- https://bit.ly/2PAJojP
- https://www.astroarts.co.jp/article/hl/a/10536_milkyway

土星の輪っかは残り1億年で消失
- https://go.nasa.gov/2JFIr69
- https://www.cnn.co.jp/fringe/35130347.html

地球から最も遠い場所を飛行する人工物
- https://voyager.jpl.nasa.gov/galleries/images-on-the-golden-record/
- https://bit.ly/2BVlZS4

ダイソンスフィア
- https://go.nasa.gov/2pwNLld

暗黒物質
- https://go.nasa.gov/2N7TBml
- http://www-utap.phys.s.u-tokyo.ac.jp/~suto/myresearch/SONY-angle79.pdf

ホワイトホールは存在するのか
- https://www.space.com/white-holes.html
- http://spaceinfo.jaxa.jp/ja/wormholes.html

月の地下に2180兆トンもの謎の超巨大金属塊
- https://bit.ly/2BZOGNZ
- https://natgeo.nikkeibp.co.jp/atcl/news/19/061300349/

未来にはいくことができる
- http://www.physics.org/article-questions.asp?id=131
- https://dot.asahi.com/aera/2016011300116.html?page=1

ハワイにオーロラが現れた時
- https://bit.ly/2C39Bjc

CHAPTER 4

4.2万年凍り付いていた虫
- https://bit.ly/34mm4dA
- https://www.newsweekjapan.jp/stories/world/2019/07/4-79.php

地下の巨大な生物圏
- https://www.jamstec.go.jp/chikyu/e/magazine/backnum/pdf/ch_10_j.pdf
- https://www.newsweekjapan.jp/stories/world/2018/12/5-58.php

宇宙人と遭遇した時のマニュアル
- https://bit.ly/2oEzLWk

宇宙人が監視する動物園
- https://wired.jp/2016/07/02/earth-zoo/

高速電波バースト
- https://bit.ly/2PAvu19
- https://natgeo.nikkeibp.co.jp/atcl/news/19/070800396/

エウロパ
- https://go.nasa.gov/2ozeRHZ
- https://forbesjapan.com/articles/detail/29607

ドレイク方程式
- https://www.seti.org/drake-equation-index

永遠の命のクラゲ
- http://s-park.wao.ne.jp/archives/725
- https://s.nikkei.com/2WxrRun

クマムシ
- https://www.livescience.com/66109-tardigrades-moon-israeli-lander.html
- https://www.cnn.co.jp/fringe/35141027.html

生命の種は宇宙から降ってきた?
- https://go.nasa.gov/2r4h9A1
- https://natgeo.nikkeibp.co.jp/nng/article/news/14/8333/

第6感
- https://www.u-tokyo.ac.jp/content/400111625.pdf
- https://www.sankei.com/life/news/190319/lif1903190018-n1.html

トラピスト1惑星系
- https://go.nasa.gov/2Nz76dw
- https://natgeo.nikkeibp.co.jp/atcl/news/17/022300069/?P=2

火星の地底湖
- https://go.nasa.gov/2WuEc2x
- https://www.bbc.com/japanese/44962070

（著者）
気になる宇宙 ｜きになるうちゅう｜

フォロワー19万人超え（2019年10月31日現在）のツイッター『気になる宇宙』（@Kininaruutyu）で、宇宙をはじめとするサイエンスやテクノロジーの幅広い情報をつぶやく中の人。日々空を見上げながら、世界中で発信されるサイエンス情報の収集に勤しむ日々を送る。地球から宇宙へ行くだけにとどまらず、太陽系も出て太陽系の外側の星へ行くことを本気で夢見ている。好きな星はタイタン。

（監修）
榎戸輝揚 ｜えのと・てるあき｜

宇宙物理学者。東京大学大学院理学系研究科博士課程修了。スタンフォード大学、理化学研究所を経て、NASAゴダード宇宙飛行センターへ。超新星爆発の後に残される不思議な天体「中性子星」を、国際宇宙ステーションに設置したX線望遠鏡などで観測している。2015年からは、多様な分野で創造性に富んだ人材を国際公募する京都大学白眉プロジェクトに参画。天文学のみならず、学術系クラウドファンディングを駆使して冬の雷や雷雲から放たれる「ガンマ線」を調査する「雷雲プロジェクト」の中心メンバーとしても研究を推し進めている。

読むだけで人生観が変わる
「やべー」宇宙の話

2019年11月30日　初版発行
2019年12月25日　再版発行

著者　　気になる宇宙
監修　　榎戸輝揚
発行者　川金正法
発行　　株式会社KADOKAWA
　　　　〒102-8177　東京都千代田区富士見2-13-3
　　　　電話 0570-002-301（ナビダイヤル）
印刷所　大日本印刷株式会社

●お問い合わせ
https://www.kadokawa.co.jp/（「お問い合わせ」へお進みください）
※内容によっては、お答えできない場合があります。
※サポートは日本国内のみとさせていただきます。
※Japanese text only

定価はカバーに表示してあります。

©kininaruutyu 2019 Printed in Japan
ISBN 978-4-04-604515-7 C0044